U0187801

认知篇
科学家带你玩转大自然
你好，万千生灵
石探记科学家团队 著
白木方舟童书 绘
GUANGXI NORMAL UNIVERSITY PRESS
广西师范大学出版社
·桂林·

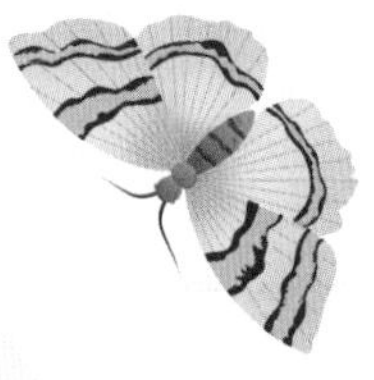

能生活在地球上，
实在是一件值得高兴的事情。
这颗已经 46 亿岁“高龄”的蔚蓝
色星球，以其得天独厚的自然条件，
孕育了无数的生命。我们生于斯、
长于斯，与地球“母亲”的其他“孩
子”一起，共同享受着这颗
星球的恩泽。

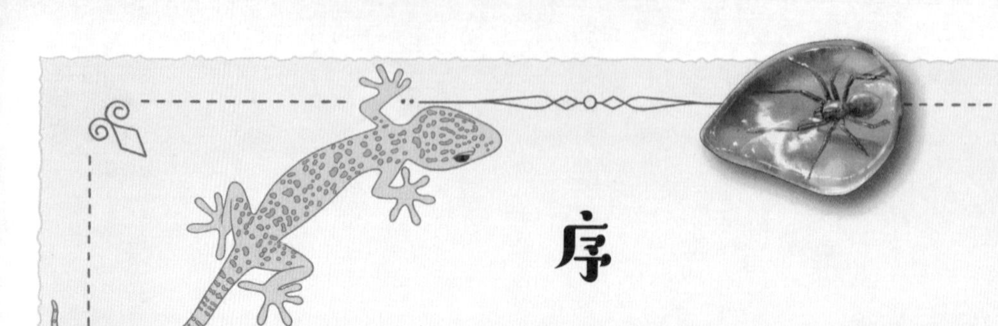

序

对于大部分人来说，人生最美好的童年回忆，都发生在大自然中。大自然就像我们最喜爱的游乐场，给予了我们太多好玩的内容。下河摸虾，上树抓虫，也成了我们永不磨灭的美好记忆。大自然又像我们的老师，毫无保留地把一切都呈现出来，引导我们直观地观察各种自然现象，从而发现其中的自然规律和科学奥秘，最终更好地发展自己的文明。

而现在这位重要的老师，却离我们的孩子越来越远。随着经济的发展和城市化进程的加快，当今城市里的孩子几乎成了“笼中鸟”，缺乏户外活动。有数据显示，我国青少年平均每天的户外活动时间不足 1 小时，由此导致很多孩子不仅身体素质每况愈下，还出现了注意力不集中、缺乏活力和存在沟通障碍等问题。这些“病情”被统称为“自然缺失症”，究其原因，很重要的一点就是大自然在孩子成长中的缺席。

为了将孩子们重新带回大自然，在过去的 10 年里，石探记科学家团队不断研究开发针对青少年的自然科学教育产品。在北京、成都等城市设立科学体验中心，长期组织线下科学教育活动。开发国内外数十条科考路线，带领上万名青少年走进大自然，把大自然这位老师重新请回孩子们的身边。现在，他们将自己的经验和课程汇总成书，主要针对城市里很少接触大自然的孩子，教会他们该如何认识、探索大自然。这套书分为认知篇和实践篇，集中介绍了 100 多种常见生物，涵盖动物、植物、真菌等，孩子们不仅可以通过这套书了解不同的自然场景里的生物，学习在大自然中探索不同生物的方法，还可以跟着科学家的脚步了解世界上的一些具有显著代表性的有趣地方。可以说，有了这套书，大多数孩子就可以自主学会用科学方式探索大自然，可以像科学家那样在大自然中发现不同的生物，为研究科学打下基础。

需要特别指出的是，我们鼓励孩子们在大自然中进行一些非保护类的无脊椎动物、植物及真菌的标本采集活动。标本作为生物学研究的基础材料，对自然科学领域多个学科的起源和发展起到了重要的推动作用，很多基于标本的科学发现已改变

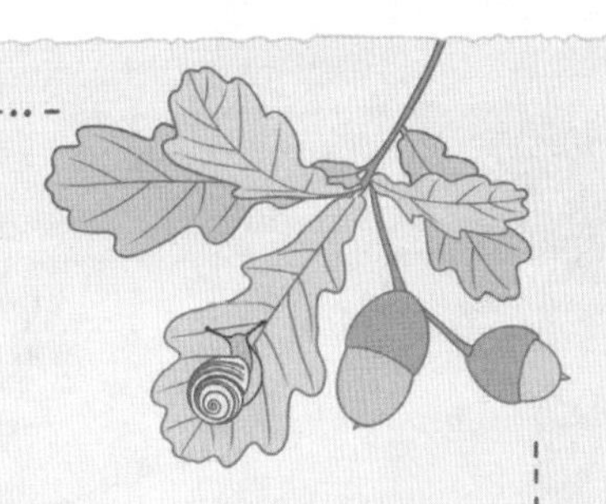

了人类对自身、环境的认知。对于青少年而言，接受这种科学启蒙，掌握科学的采集方法，就能更好地认知大自然、学习科学。当然，我们对采集对象也有严格的限制，首先，必须是非国家保护物种；其次，基于它的生物学习性，采集并不会对它的种群和数量产生影响（如大多数非保护的昆虫类，有相当一部分甚至是影响人类的害虫，而所有的鸟和哺乳动物都是不允许采集的）。对于初次探索大自然的孩子，最好能在父母的陪伴下，采用本书介绍的科学、专业的方式开始探究学习。

置身大自然中，孩子们能听到各种虫鸣鸟叫，那便是最初的音乐启蒙；当孩子们观察、记录并思考“蚂蚁如何找到自己的家”时，便是最佳的观察力、专注力的培养和锻炼；当孩子们在大自然中穿梭，跋山涉水、抓虫摸虾时，便是最佳的运动和体能训练；当孩子们记住森林里的复杂路线，与小伙伴一起探讨自然知识、解决实际问题时，他们的空间能力、科学逻辑能力、人际交往能力、语言能力便得到了充分锻炼。针对人类的智力潜能开发，哈佛大学的教授们提出了著名的多元智能理论。研究这一理论之后，我们惊讶地发现，只有大自然，才是多元智能唯一的全能“练兵场”。

也许在不久的将来，会有更多的孩子因为走进大自然，开始热爱科学，树立成为科学家的职业梦想。我们期待着。

中国科学院动物研究所

2022 年 3 月 30 日

I 身边的万千生灵 6

认知篇

II 认识身边的环境

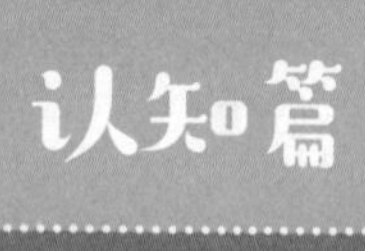

1 软体动物

你知道生活在蔬菜大棚中的蜗牛和生活在海中的章鱼有什么共同点吗?

黏糊糊、湿答答的蛞蝓(俗称“鼻涕虫”)和一言不合就喷墨的乌贼居然是同类?

没错，虽然这些动物的生存环境不同，形态各异，但它们都是软体动物家族的成员。

软体动物

是软体动物门动物的统称，是除节肢动物外最大的类群，主要包括腹足纲、双壳纲、头足纲等，有10万多种。它们的形态虽然有很大的差异，但有共同的特征：身体柔软而不分节，一般分头、足、内脏和外套膜四部分。软体动物是我们生活中最为常见的动物类群之一。

蜗牛、蛞蝓、田螺、海螺、乌贼、鱿鱼、章鱼、鲍、蛤蜊、蚌……这些都是软体动物大家族的成员。它们有的生活在陆地上，有的生活在淡水里，有的生活在海洋中。

(1) 陆地居民

蜗牛是生活在陆地上的腹足纲动物的统称。它们最显著的特征是有一个螺旋形的贝壳，也有一些种类是内壳或者无壳。

生活中常见的蜗牛有很多种。在野外，我们可以通过下面这些典型特征来简单区分：一类是螺口没有遮挡物的；一类是螺壳较为坚硬，身体收缩后会有盖子挡在螺口的；还有一类是没有外壳的，也就是我们常说的蛞蝓。

出没地区

果园、草地、树丛等阴暗潮湿的角落。

螺壳形状

扁螺旋形、塔螺旋形……多种多样！扁螺旋形的螺壳比较圆，塔螺旋形的螺壳则比较尖。

(1.1) 巴蜗牛

我国分布最广泛的蜗牛类群。

巴蜗牛属物种，虽然种类很多，但是外形都很接近，习性也都差不多。

(1.2) 褐云玛瑙螺

也被称为非洲大蜗牛，是体形最大的蜗牛之一，原产于非洲，20 世纪初作为一种以植物为寄生地点的动物，通过引进的植物传入我国。我国南方地区的气候特别适合它们的生长，导致它们一下子在我国繁殖开来。它们以蔬菜、花卉等农作物为食，被世界自然保护联盟列入全球 100 种恶性外来入侵物种黑名单。此外，它们还是广州管圆线虫等病原体的中间宿主，可引起人类脑膜炎。

(1.3) 褐带环口螺

虽然叫环口螺，但它们实际上是一种蜗牛，在我国南方地区比较常见。

它们和水里的田螺一样，都带有口盖。

口盖：又称厣（yǎn），是腹足纲动物后足上的板状结构。这类动物把软体部分缩入壳内后，会用口盖来堵封壳口。

(1.4) 烟管螺

其实是一类小型蜗牛，但常被误以为是血吸虫的宿主——钉螺，而难逃被人一脚踩扁的命运。

烟管螺的外壳又细又长。它们的身影总是活跃在我国南方城市阴暗潮湿的角落里。

(1.5) 蛞蝓

以“鼻涕虫”这一形象的称呼为人们熟知。其实蛞蝓是蜗牛的亲戚，是一类无壳或小壳的陆生软体动物的统称。有些蛞蝓的螺壳退化成小薄片盖在它们的背部，有些则彻底没有壳。

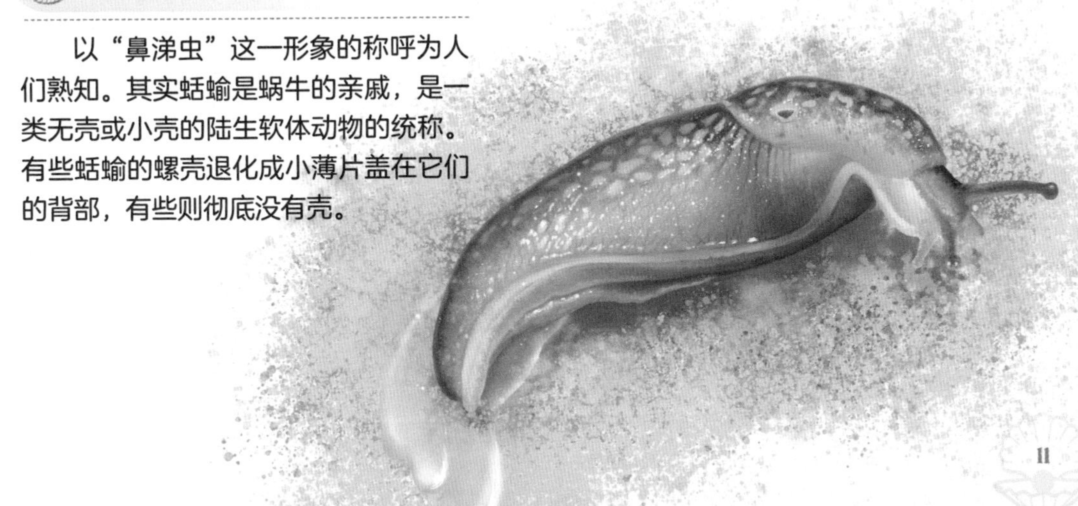

(2) 淡水居民

在陆地淡水水域中，生活着大量的软体动物——各种淡水螺和蚌：

有些淡水螺和蚌取食水藻、水草，有些以水中的浮游生物为食。有些淡水螺形状奇特，螺壳可以作为收藏品。有些淡水螺和蚌的肉质肥美，是我们餐桌上的美味佳肴。

(2.1) 环棱螺

经常在夜市上出现的麻辣田螺，它的主要食材就是环棱螺，非常美味。

环棱螺的个头不大，约有手指头大小，有口盖。它们生活在河流里，水草和河底腐殖质是它们的食物。

(2.2) 中国圆田螺

我国民间故事《田螺姑娘》中田螺姑娘的原型。

常见于水田和池塘，体形比环棱螺大得多，有些个体甚至能长到成年人的拳头那么大。

(2.3) 椎实螺

常见于死水或流速缓慢的河流，尤其是富营养化、有污染的水域中。椎实螺长得像萝卜头，所以也叫“萝卜螺”。

(2.4) 蚌

蚌是淡水双壳纲中蚌科和珍珠蚌科的统称，俗称“河蚌”。它们生活在淡水湖泊、池沼、河流的底部，半埋在泥沙中，滤食水中的浮游生物。有些大型河蚌的肉质鲜美，被做成美味佳肴。还有一些可以孕育美丽的淡水珍珠。

(3) 海洋居民

海螺是生活在海洋中的软体动物。广袤无垠的海洋孕育了各种各样的海螺：

有些海螺的肉质肥美，经常出现在我们的餐桌上；

有些海螺的螺壳鲜艳美丽，成为名贵的收藏品；

有些海螺是常见的建筑材料；

有些海螺能够孕育出美丽的海水珍珠。

你知道我国最早的货币是用什么制作的吗?

早在商朝，贝就已经起着货币的作用，当时人们称之为“贝币”。海贝的大小比较均匀，经过加工就成了贝币：外表光洁小巧，坚硬耐磨，一面有细密的槽齿。

贝币流通的时间很长。直到春秋战国时期，金属货币才逐步取代贝币。

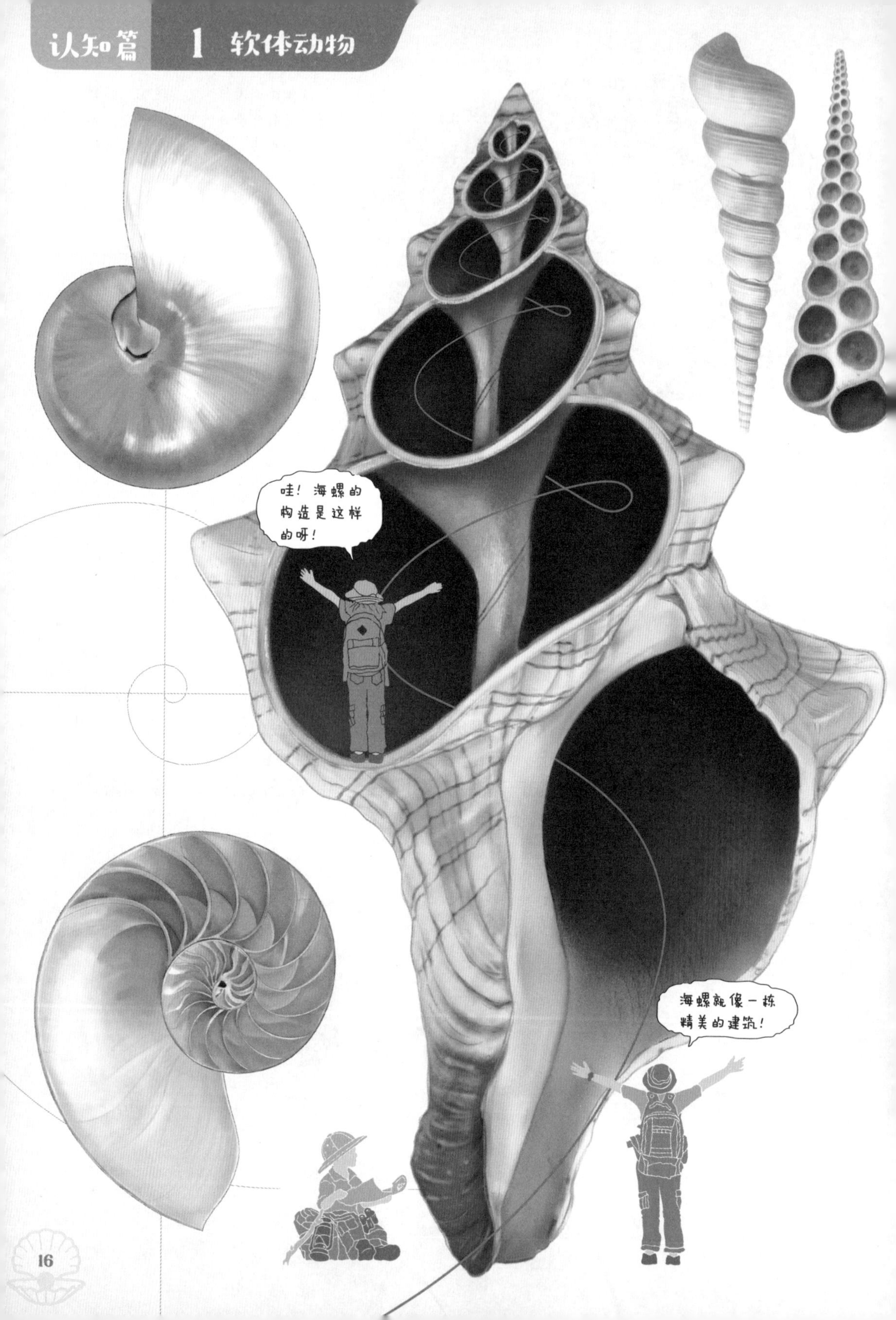
哇！海螺的构造是这样的呀！
海螺就像一栋精美的建筑！

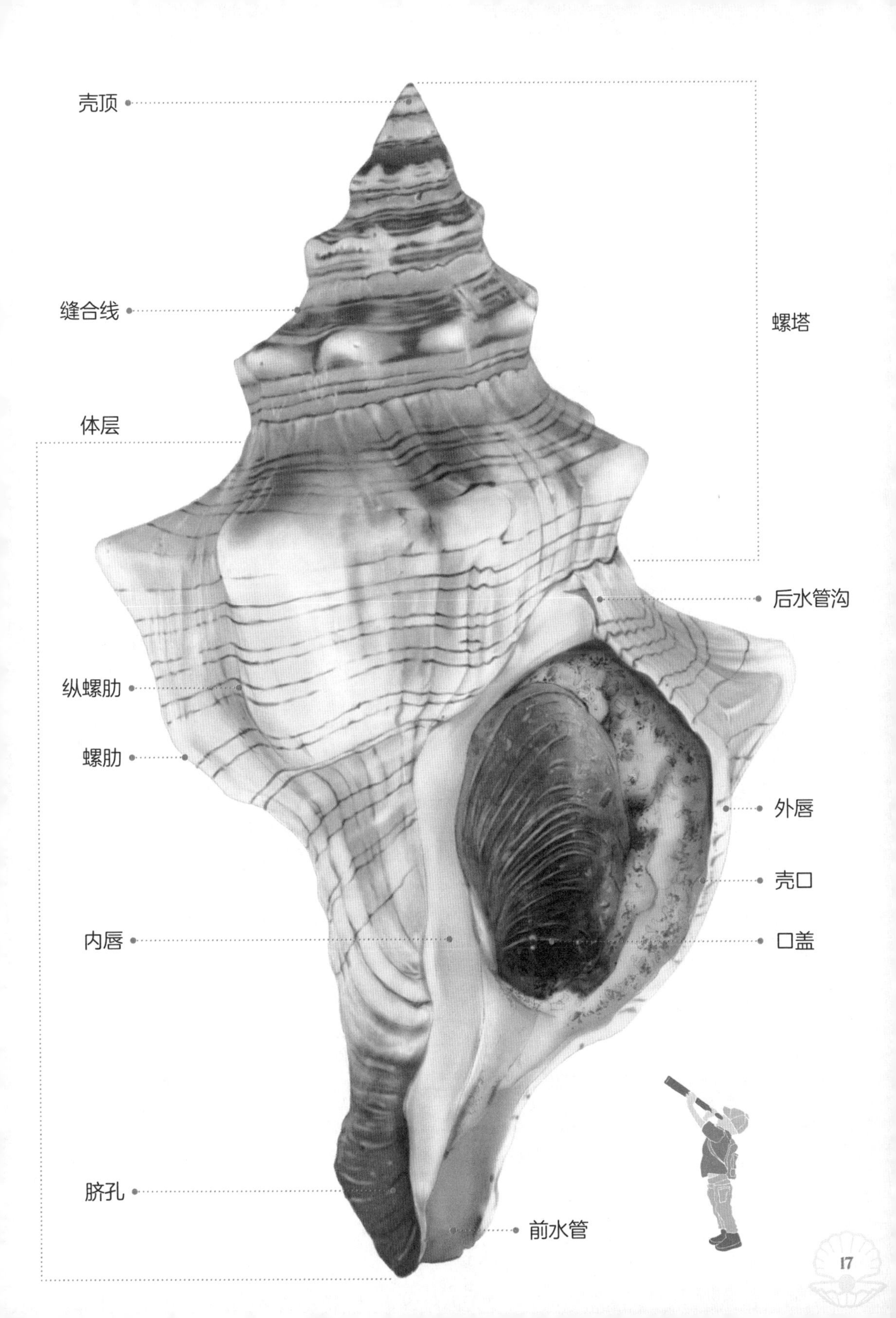
壳顶
缝合线
螺塔
体层
后水管沟
纵螺肋
螺肋
外唇
壳口
内唇
口盖
脐孔
前水管

中国蛤蜊
毛蚶

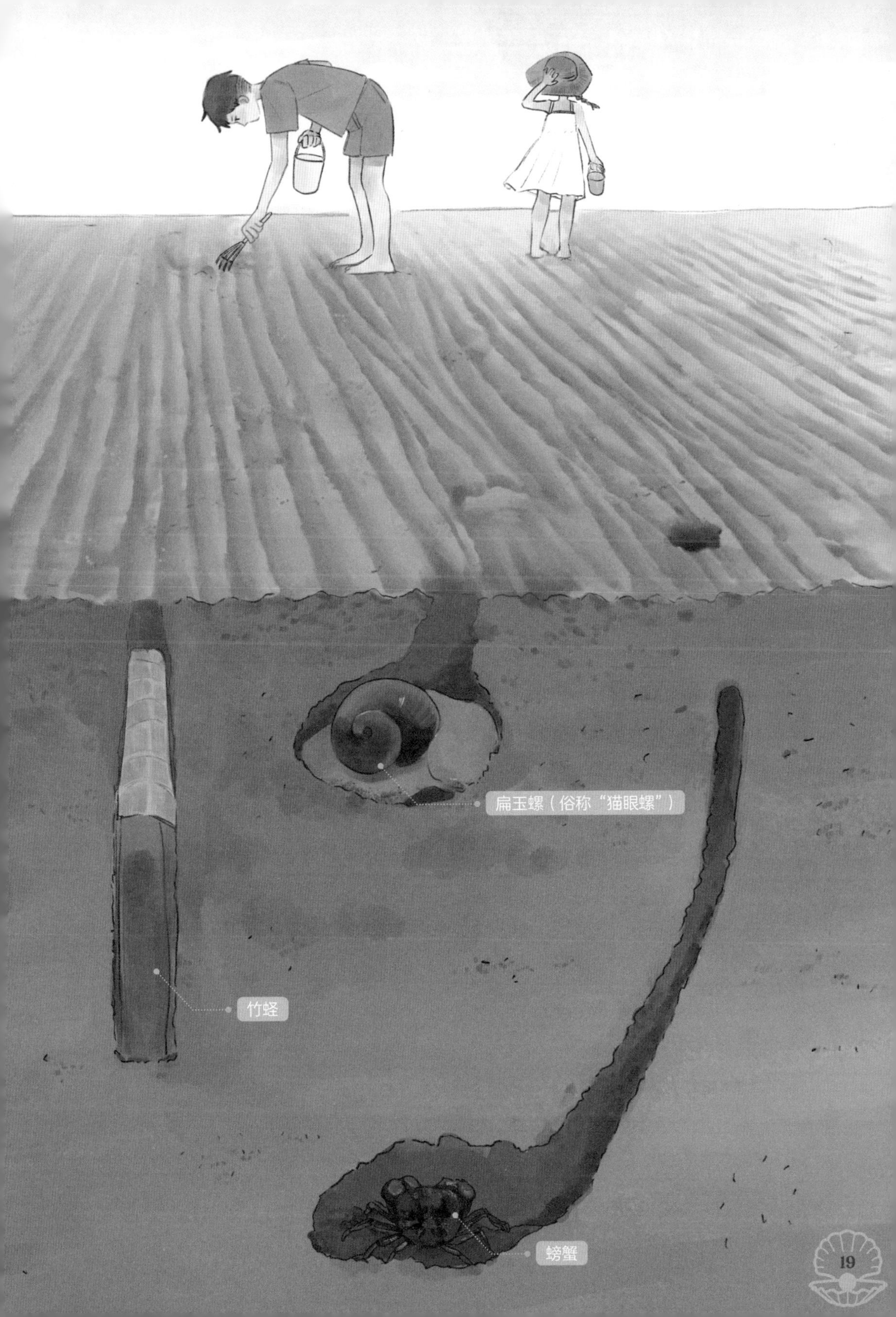
扁玉螺（俗称“猫眼螺”）
竹蛏
螃蟹

(3.1) 牡蛎

俗称“生蚝”，味道鲜美，是海鲜市场上的大明星。

因为它们凭借着石灰质外壳紧紧附着在岩石上生长，终生不会脱落（人为撬动除外），所以古人利用牡蛎的这种特性，在海边的堤坝和桥基上养殖牡蛎，使堤坝和桥基更加稳固。

(3.2)贻贝

贻贝也是海鲜市场上的常客，不过我们常称它们为海虹或青口。

贻贝生活在浅海中，用足丝将自己牢牢地固定在岩石上。等大贻贝把岩石上的空间占满之后，小贻贝就只能附着在大贻贝的身上，因此我们在海边采集的时候，往往一采一大串，像摘葡萄一样。

(3.3) 宝螺

俗称“宝贝螺”。宝螺的螺壳圆润光滑，颜色千变万化，是贝壳收藏圈里十分耀眼的明星品种。

宝螺是制造贝币的原料之一。宝螺腹面的花纹，也为古人创造“贝”字提供了灵感。对比一下，前面的金文“贝”字是不是与宝螺的花纹很像？

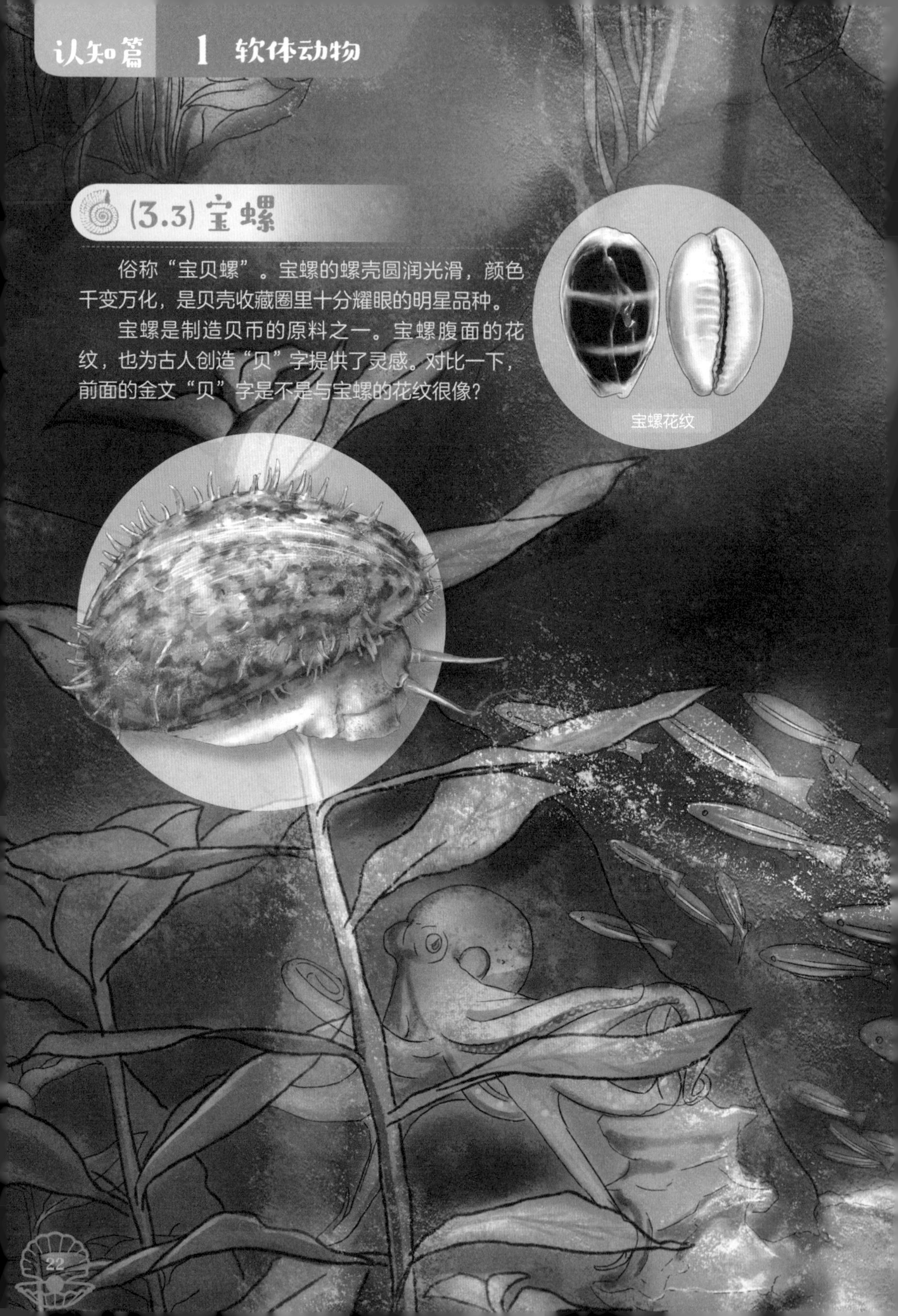

宝螺花纹

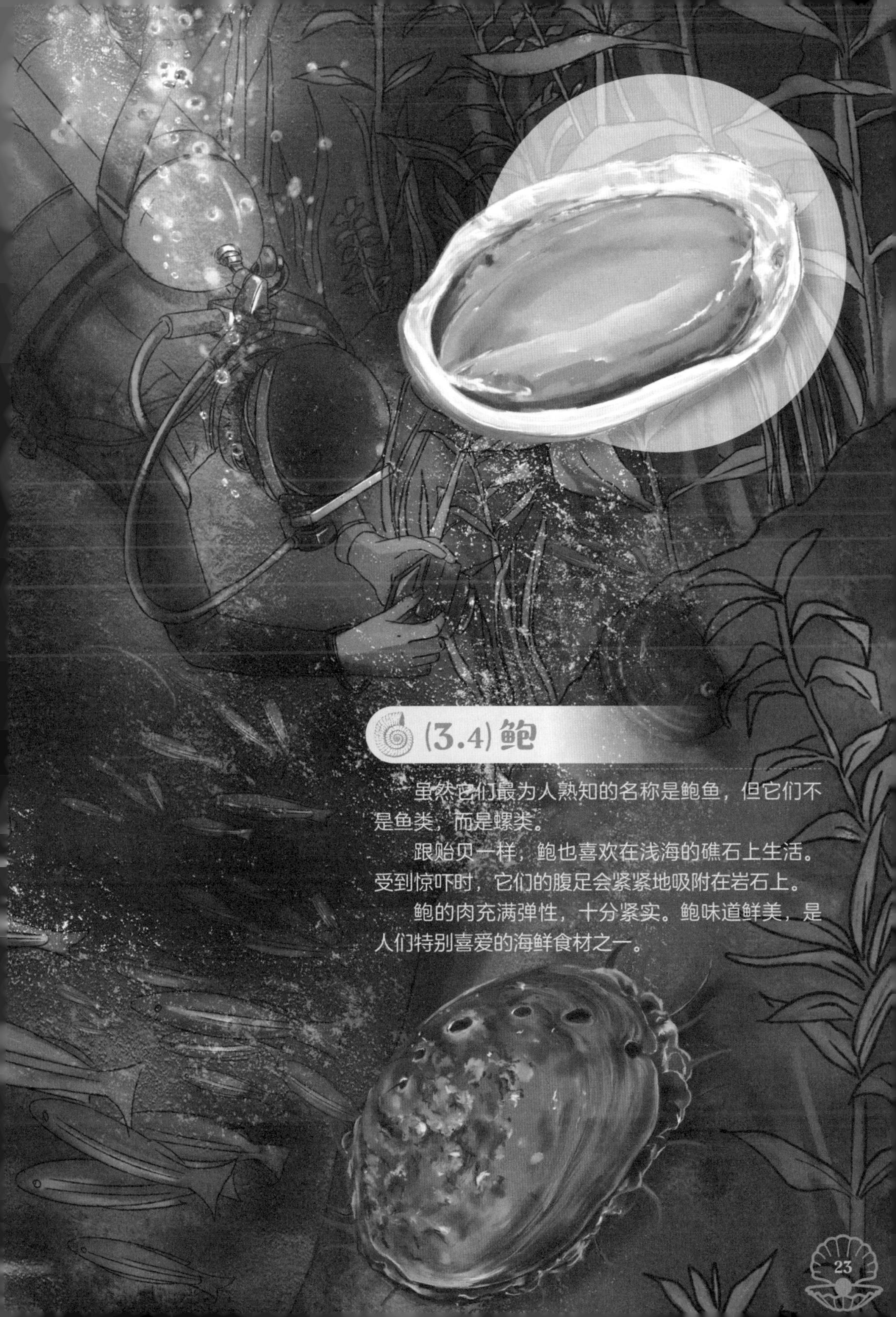

(3.4) 鲍

虽然它们最为人熟知的名称是鲍鱼，但它们不是鱼类，而是螺类。

跟贻贝一样，鲍也喜欢在浅海的礁石上生活。受到惊吓时，它们的腹足会紧紧地吸附在岩石上。

鲍的肉充满弹性，十分紧实。鲍味道鲜美，是人们特别喜爱的海鲜食材之一。

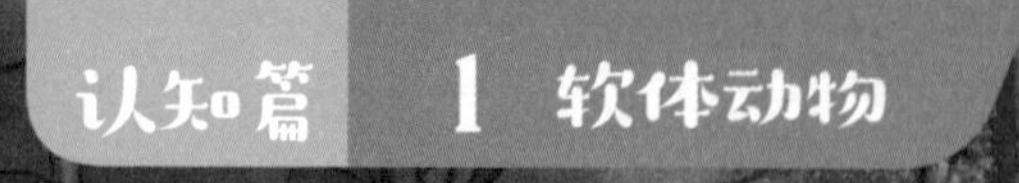

(3.5) 菲律宾蛤仔

俗称“花蛤”或“蛤蜊”，是我们餐桌上的常客。花蛤壳的颜色和纹路复杂多变。感兴趣的小朋友可以收集不同花色的花蛤壳，将其制作成套装标本。

(3.6) 芋螺

俗称“鸡心螺”，种类繁多，形状各异，深受贝壳收藏家的青睐。有些珍稀少见的鸡心螺种类，受到了贝壳收藏家的极度追捧。

注意！

鸡心螺含有剧毒。如果被毒性很强的鸡心螺蜇到，会有生命危险！

3.7 脉红螺

脉红螺是十分常见的海螺，其外壳巨大坚硬。它们看起来傻乎乎的，但千万不要被它们憨厚的外表欺骗了——脉红螺是凶猛的肉食螺类，它们会捕食牡蛎、贻贝等。

有些脉红螺的外壳颜色鲜艳，可以把它们做成海螺标本收藏。

3.8 扇贝

扇贝是一类贝壳的统称，海鲜市场上最常见的食用贝壳之一。扇贝的左右外壳长得像两把扇子，通常来说，右壳的颜色要比左壳的颜色浅，表面也更为光滑。这是因为扇贝生活在海里的时候是左壳朝上、右壳朝下的，朝上的一面颜色丰富多彩，可以起到更好的伪装效果。

2 昆虫

同样是蟑螂，为什么我国南方蟑螂的个头那么大？

为什么人类无法彻底消灭讨厌的苍蝇、蚊子？

蝴蝶和飞蛾，它们的区别有哪些呢？

说到昆虫，几乎所有人都不会陌生，毕竟它们无处不在！昆虫的种类繁多，形态各异，但身体分为头、胸、腹三部分是它们的共同特征。

昆虫已经在地球上存在了 4 亿多年，是地球上数量最多的动物。这个古老又繁盛的动物家族，遍布地球的每一个角落。昆虫家族之所以能够生生不息，发展壮大，是因为它们有着强大的繁殖能力和极强的适应能力。

蜻蜓

昆虫化石

蝉
看啊！
甲壳虫！
真好看！

(1) 蜚蠊目

fěi lián

世界上有近 7 300 种蜚蠊目昆虫，其中一些种类经常出现在人类生活里。臭名昭著的蟑螂就是蜚蠊目昆虫的代表。蜚蠊目昆虫从 3 亿年前的石炭纪存活到现在，得益于它们极强的适应能力——哪里有水和食物，哪里就能成为它们的家！不过在现在的分类学中，白蚁也是蜚蠊目下的一个分支哦。

出没地区

大多数分布在热带和亚热带地区。家居蜚蠊常在室内阴暗温暖的角落活动，野生蜚蠊则多生活在草丛里、砖石下等隐蔽处。

生活习性

大多数昼伏夜出，为夜行性昆虫。爬起来非常快，能钻入各种细小的缝隙中。繁殖能力强，对吃的完全不挑剔，是杂食性昆虫。生活在室内的家居蜚蠊会传播疾病，是全球性的卫生害虫。

(1.1) 家居蟑螂

蟑螂种类繁多，但其中仅有 1% 的蟑螂会入室与人类一起生活。这些家居蟑螂的名声可不太好，人们把它们称为“小强”“偷油婆”。其实大多数蟑螂是大自然的分解者，是森林清洁的小帮手。

我国北方的居民到南方时，都会被当地的家居蟑螂震惊：为什么南方蟑螂的个头那么大？其实，分布于我国南、北方的蟑螂并不是同一种。南方最常见的种类是美洲大蠊，而北方最常见的种类是德国小蠊。

德国小蠊

虽然取了个“德国小蠊”的名字，但实际上和德国没什么关系，它们的家乡其实在东南亚。体形不大，不擅长飞行，但“飞檐走壁”的技术一流。

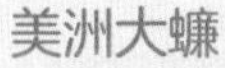

美洲大蠊

体形奇大，几乎是德国小蠊个头的两倍。和德国小蠊不来自德国一样，美洲大蠊也不来自美洲。它们是地地道道的“非洲土著”，随着人类的贸易活动散播到了全世界。

(1.2) 地鳖

地鳖不太喜欢跟人类住在一起，它们生活在阴暗干燥、腐殖质丰富的沙土中，昼伏夜出。雌雄地鳖长相不太一样，雄的有翅膀，更像大号蟑螂；雌的圆圆扁扁的，像个盖子。

(2) 脉翅目

脉翅目昆虫的名字常以“蛉”字结尾。

脉翅目昆虫有膜质翅，脉序如网，飞行能力较差。虽然看起来非常娇弱，但它们并不是食物链中的弱势群体，大部分种类的幼虫和成虫都是厉害的捕食者。

出没地区

脉翅目幼虫的生活环境多种多样：大部分种类生活在陆地上，少数种类生活在水中。

生活习性

多数具有趋光性，虽然有轻薄美丽的翅膀，但飞行的本领并不高。大多数脉翅目昆虫属于益虫，是多种农林作物害虫的天敌。

(2.1) 蚁蛉

乍一看，蚁蛉长得跟蜻蜓非常相似，它们的身体和翅都较为狭长。

蚁蛉成虫喜欢在林木、草丛间生活，以捕食蝴蝶、瓢虫等昆虫的幼虫为生。

蚁蛉有趋光性的特点，因此，夜间用灯诱法能捕获很多蚁蛉哟！

漏斗陷阱的制作方法

1.

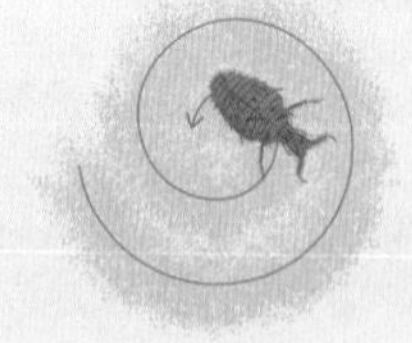

2.

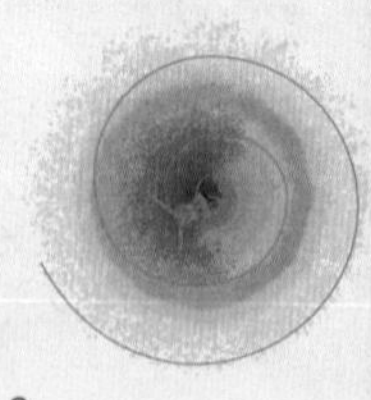

3.

(2.2) 草蛉——蚜虫的克星

草蛉是一类常见的脉翅目昆虫。它们的身体十分纤细，拥有透明的膜翅和亮闪闪的复眼。草蛉的幼虫叫“蚜狮”，个头不大，却是不折不扣的肉食性昆虫，它专门捕食蚜虫，整个幼虫期可以吃掉约700只蚜虫！

草蛉的卵看起来就像带有丝柄的气球。我们可以在野外植物的枝条或者叶片上找到它们。

聪明的蚁狮

蚁狮是蚁蛉的幼虫，别看它个头不大，却是捕食能手。蚁狮擅长在沙土里制作一个类似于漏斗的陷阱，以此来捕捉猎物。路过的小虫子一不小心就会滑进陷阱而丧生。

(3) 鞘翅目

鞘翅目昆虫就是我们常说的甲虫。鞘翅目是昆虫纲乃至动物界的第一大目，它们种类最多，分布最广。有些鞘翅目昆虫非常受人类喜爱：有人觉得它们坚硬的鞘翅很酷，像个披甲的战士；有人喜欢将不同的鞘翅目昆虫放在一起，观察它们格斗的状态；还有人喜欢观察它们背甲的颜色。

常见种类

我们经常见到的锹甲、天牛、瓢虫、蜣螂等都是鞘翅目的代表。

出没地区

鞘翅目昆虫的分布区域非常广泛，它们对环境的适应能力极强。无论是在沙漠还是在森林里，在温泉还是在沼泽中，都能找到它们的身影。

生活习性

鞘翅目昆虫的种类实在太多了，它们的生活习性也比较复杂。有些鞘翅目昆虫以粪便为食，有些以吮吸植物的汁液为生，有些是凶猛的肉食类，还有些会寄居在其他动物的身上或在巢内生活。它们中有一些是人类的朋友，能有效防治农作物虫害，帮助人类清洁环境。而有一些则会危害农作物的种子、块根、幼苗等。

(3.1)锹甲

锹甲十分受孩子们的喜爱。锹甲的雌虫和雄虫长得不太一样，雄虫的上颚非常发达，内缘长有尖锐的齿突，用于相互争斗、争夺配偶等。获胜的锹甲会将手下败将高高举起，并重重地扔到一边。有些雄虫会守卫在自己攻占的树上，等待雌虫的到来。

(3.2) 天 牛

天牛——常见的昆虫明星之一。

天牛的长相很有特点：头顶上长着一对长长的触角，这对触角可以帮助它们在飞行时保持平衡，辨别食物和雌性的气味，还能用于试探敌方的战斗力。

有些天牛的鞘翅上有靓丽的花纹；有些天牛则通体呈灰褐色，看起来就像一块枯树皮。实际上，这些颜色是它们的保护色，便于它们更好地隐藏自己。

在野外看到天牛时，如果你想抓住它们，务必快、准、稳，不然它们有可能很快就飞走了。

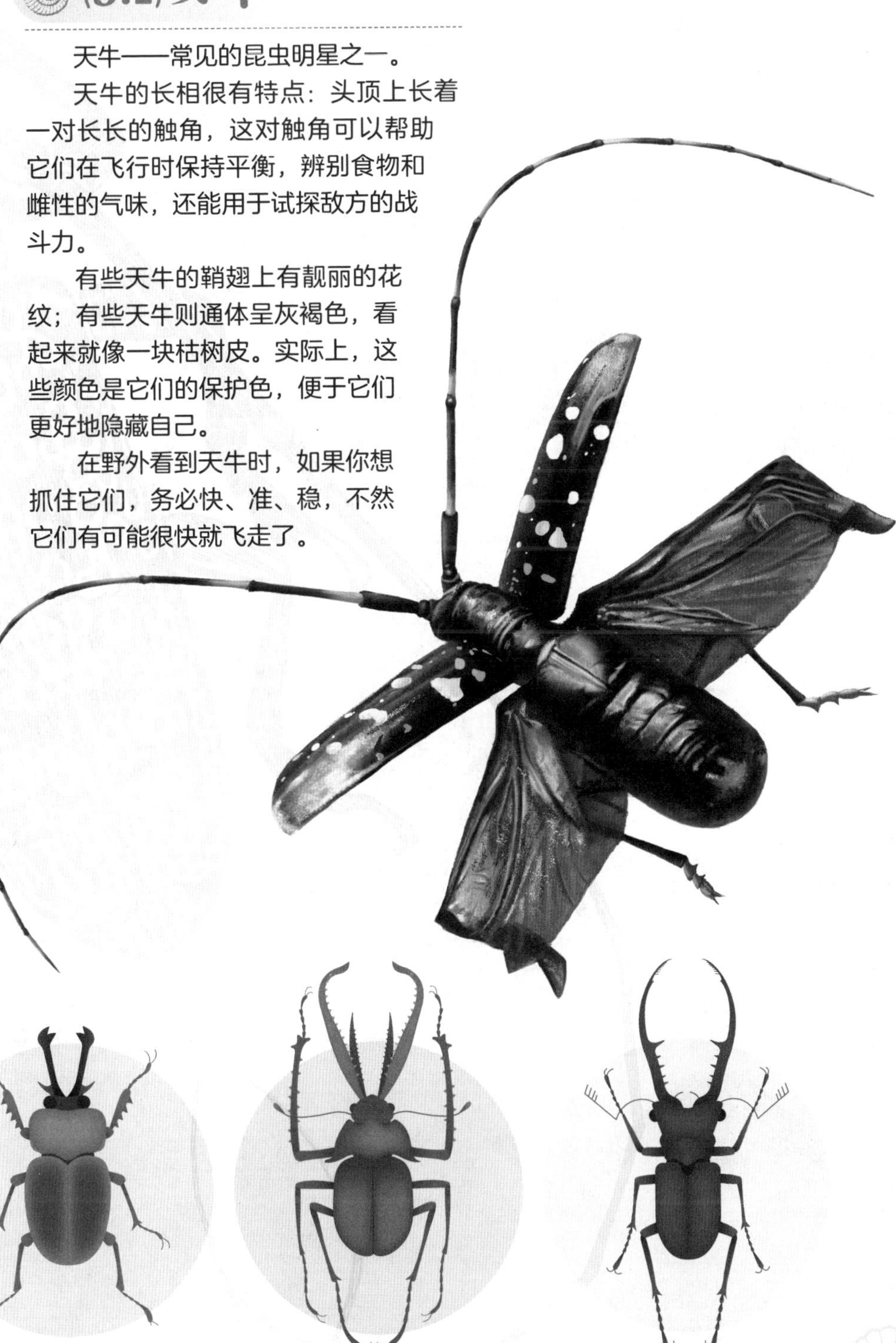

彩虹锹甲　智利长牙锹甲　美他力弗细身赤锹甲

(3.3) 萤火虫

在漆黑的夏夜，我们经常能见到萤火虫的小小身影。萤火虫的尾部能发光，除了“萤火虫”这一学名，它们还有“流萤”“耀夜”等好听的别名。萤火虫其实并不是某一种甲虫的名字，它们是鞘翅目萤科能够发光的一些昆虫的统称。

萤火虫喜欢生活在潮湿的地方。多数萤火虫是夜行爱好者，在日落后活动。

有些种类萤火虫的雄虫和雌虫差异比较大（雄虫有翅，雌虫短翅或无翅），有些则差异不大；但是一般雌虫发出的光要比雄虫的亮一些。

与人类制造的光源不同，萤火虫在发光的时候，几乎不产生热量——这可以让它们的屁股免遭烫伤的噩运。星星点点的萤火虫之光，让夜晚更加美丽。有些地方因为有大量的萤火虫在夜晚聚集，还吸引了游客去观赏。

萤火虫为什么会发光?

这是因为它们的身体里有特殊的发光细胞，发光细胞中有萤光素和萤光素酶。当萤火虫开始活动时，在萤光素酶的作用下，细胞内的萤光素与氧气发生氧化反应，产生氧化萤光素，当氧化萤光素从激发态回到基态时会释放出光子，于是萤火虫便开始发光啦！

萤火虫幼虫捕食陆生的蜗牛
萤火虫的幼虫捕食水里的螺类

(3.4) 粪食性金龟

粪食性金龟以其独特的食性在昆虫界名声大振，从而为人们熟知。广义上，它们包括粪金龟科、蜉金龟亚科和蜣螂亚科的绝大部分物种。根据幼虫发育地点的不同，将它们分为三种主要类型：推粪型、地道型、粪居型。

尽管粪食性金龟不太受人类的待见，但它们实实在在地为维护地球环境做出了贡献。澳大利亚有些牧场还专门引进粪食性金龟来清理牛粪。

在古埃及人的眼中，蜣螂可是一种神圣的动物。他们认为蜣螂推粪球的行为和他们敬仰的太阳神凯布利非常相似，每天推着太阳滚动，东升西落，因此将蜣螂命名为“圣甲虫”。

蜣螂

1 推粪型

就是我们经常在动画作品中看到的、会把粪球推到其他地方的屎壳郎，如某些蜣螂。

2 地道型

这类粪食性金龟会直接在粪便下挖一条隧道，然后埋入自己精心准备的粪球，并把卵产在粪球上，如粪金龟及其他一些蜣螂。

粪金龟

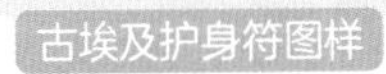

古埃及护身符图样

3 粪居型

这类粪食性金龟会直接在粪堆中产卵，如蜉金龟。

（4）鳞翅目

说到鳞翅目，大家可能会觉得有点儿陌生。但如果说到蝴蝶和飞蛾，我们并不陌生。蝴蝶和飞蛾就是鳞翅目的代表性昆虫。不过，根据最新的研究发现，蝴蝶和飞蛾并不是简单的并列关系，而是包含关系：蝴蝶是从飞蛾中衍生出来的，也就是说，蝴蝶就是一类特殊的飞蛾。

蝴蝶因其外形美丽和身姿优雅，颇受人们的喜爱，经常出现在文学作品中。“留连戏蝶时时舞”“庄生晓梦迷蝴蝶”都是经典名句。蛾类则没有蝴蝶这么讨喜，有名的成语“飞蛾扑火”被用来形容自取灭亡。

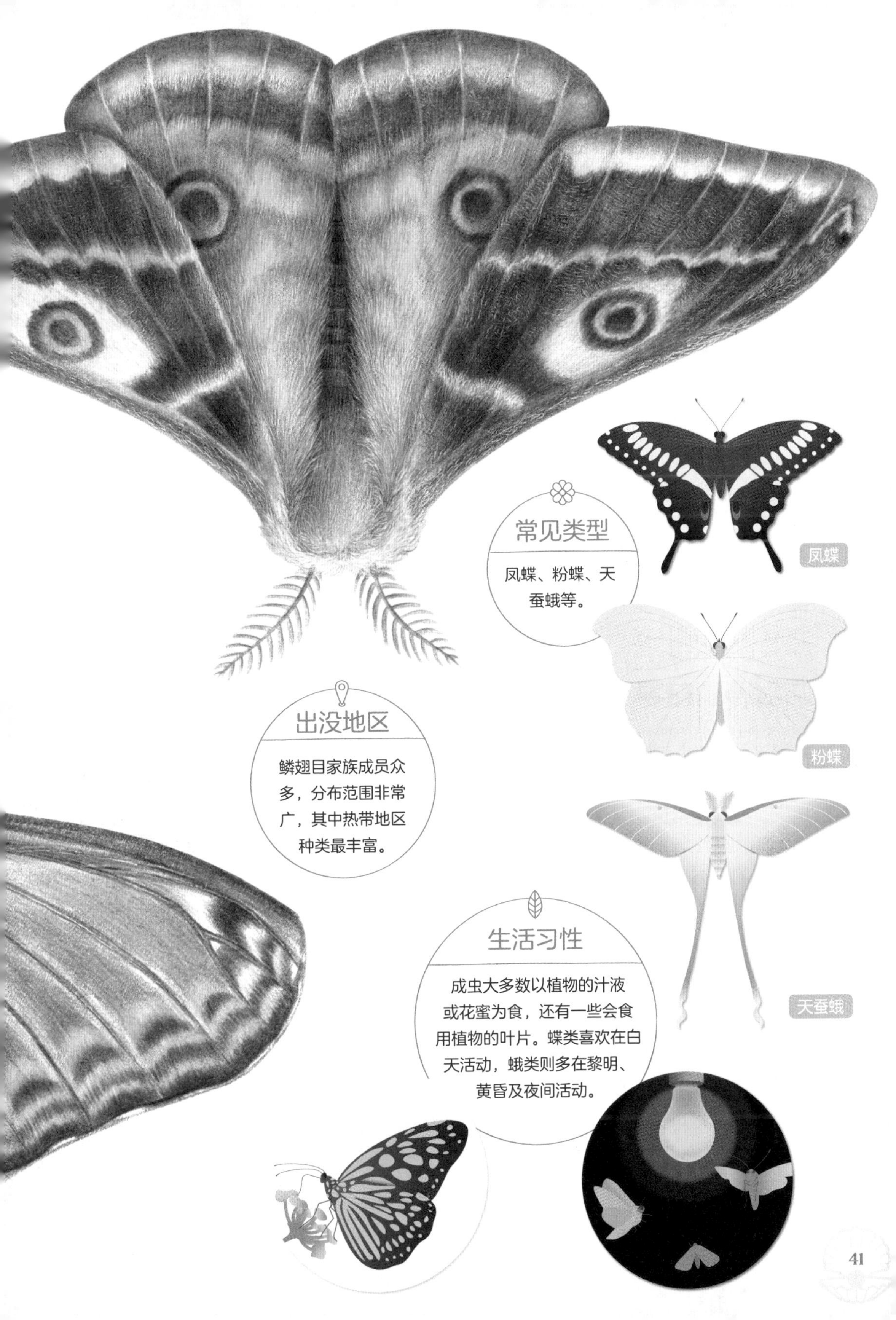

常见类型
凤蝶、粉蝶、天蚕蛾等。
凤蝶
粉蝶
天蚕蛾
出没地区
鳞翅目家族成员众多，分布范围非常广，其中热带地区种类最丰富。
生活习性
成虫大多数以植物的汁液或花蜜为食，还有一些会食用植物的叶片。蝶类喜欢在白天活动，蛾类则多在黎明、黄昏及夜间活动。

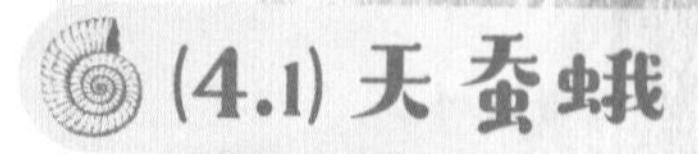

(4.1) 天蚕蛾

在野外，最常见且最美的蛾类非天蚕蛾莫属。它们的体形极大，拖着长长的尾巴。在我国北方最常见的是绿尾天蚕蛾。它们从春末到秋初这段时间比较活跃，一般在后半夜出来活动。

(4.2) 凤蝶

除了南北极，凤蝶遍布世界各地。大多数凤蝶分布在热带地区。它们的个头较大，后翅具有标志性的尾突。在我国常见的是绿带翠凤蝶。它们喜欢在山林和溪水间快速飞行，多停留在高处，只有幸运儿才可以瞥见它们的倩影。受到惊吓时，凤蝶会散发出特别的气味来熏走敌人，从而保护自己。

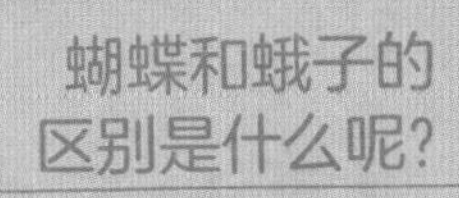

看触角

正因为蝴蝶是从蛾子中衍生而来的特殊一支，所以区分两者并不容易。看触角是最靠谱的方法。通常来说，蝴蝶的触角像一根末端膨大的火柴棒，我们称之为“棒状触角”；蛾子的触角有的呈丝状，有的呈羽毛状。不过这种区分方式也不是百分百准确，存在一些不太常见的例外：比如丝角蝶科的蝴蝶长着丝状触角，蝶蛾科的蛾子长着棒状触角。

(4.3) 夜蛾

夜蛾是鳞翅目大家族中成员数量最多的一个类群。它们常见于夜晚，身体非常强壮。大多数夜蛾双翅颜色灰暗，看上去灰头土脸的。有些夜蛾的长相非常有特点，如枯叶夜蛾，前翅看起来就像是一片枯树叶，受惊时会露出后翅上鲜艳的眼斑。

(5) 蜻蜓目

蜻蜓目，下属三个亚目，分别是差翅亚目（包括蜻和蜓）、束翅亚目（蟌）和间翅亚目（昔蜓）。

全世界都有蜻蜓目昆虫分布，其中热带地区种类最多。成虫喜欢在水边活动，而幼虫则是水生的。

蜻蜓的食物

常见种类

红蜻、黄蜻、黑丽翅蜻、碧伟蜓、透顶单脉色蟌等。

生活习性

蜻蜓目昆虫是肉食性昆虫，捕食苍蝇、蚊子、虻蠓类。它们喜欢潮湿的环境。蜻类和蜓类飞行能力非常强，是昆虫界响当当的“空中霸主”。想徒手抓住它们？那可不容易！因此，要想近距离地观察它们，捕虫网必不可少，挥网和收网的技术也要过关。蟌类的飞行能力相比之下则要弱许多。

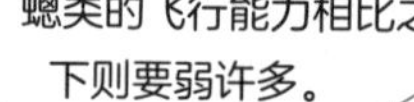

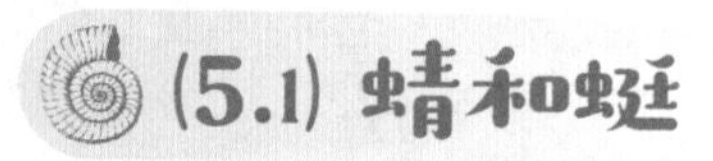

(5.1) 蜻和蜓

在蜻蜓目中，蜻和蜓分别属于不同的科。蜻的个头一般较蜓更小，腹部扁且短，截面呈三角形。我们经常说的“红蜻蜓”，严格来说不能叫“红蜻蜓”，而应该称为“红蜻”。红蜻在全国范围内都非常常见，雄性全身鲜红色，翅基部有红斑，这也是它们名字的由来。

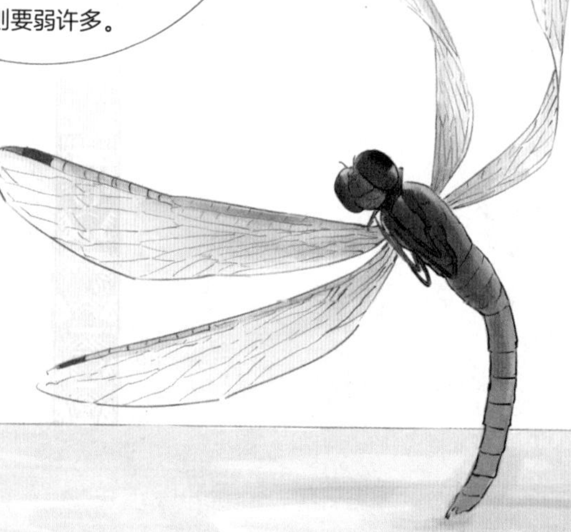

(5.2) 蟌

蟌俗称“豆娘”，是蜻和蜓的近亲，但二者有很大差别：蟌的身材更加瘦长，停栖时喜欢将翅竖直叠在背后，复眼间距较大。其中透顶单脉色蟌是一种非常常见的蟌，雌性和雄性的体色有差异：雄性的翅几乎完全呈深蓝色，身体泛着绿色的金属光泽；而雌性的身体主要呈褐色。

（6）双翅目

双翅目昆虫可以说是我们人类的“老相识”了。苍蝇和蚊子就是双翅目的代表性昆虫。

长期以来，人类都在努力地消灭苍蝇和蚊子，但效果甚微——每年夏天，苍蝇和蚊子总会卷土重来。其实，它们能够和人类共存这么久，得益于它们特别的生存技巧。

除了吸血的蚊子、食腐的苍蝇，还有植食性的食蚜蝇、肉食性的食虫虻等，它们都属于双翅目这个大家庭。

出没地区

双翅目昆虫遍布世界的每一个角落。成虫生活在陆地上，幼虫则是陆栖或水栖。

生活习性

有些爱吃植物，有些则爱吃腐烂的动、植物或粪便。有些会自己去捕食，有些则会寄生在其他动物的体内。它们一般喜欢在白天活动，极擅长飞行。

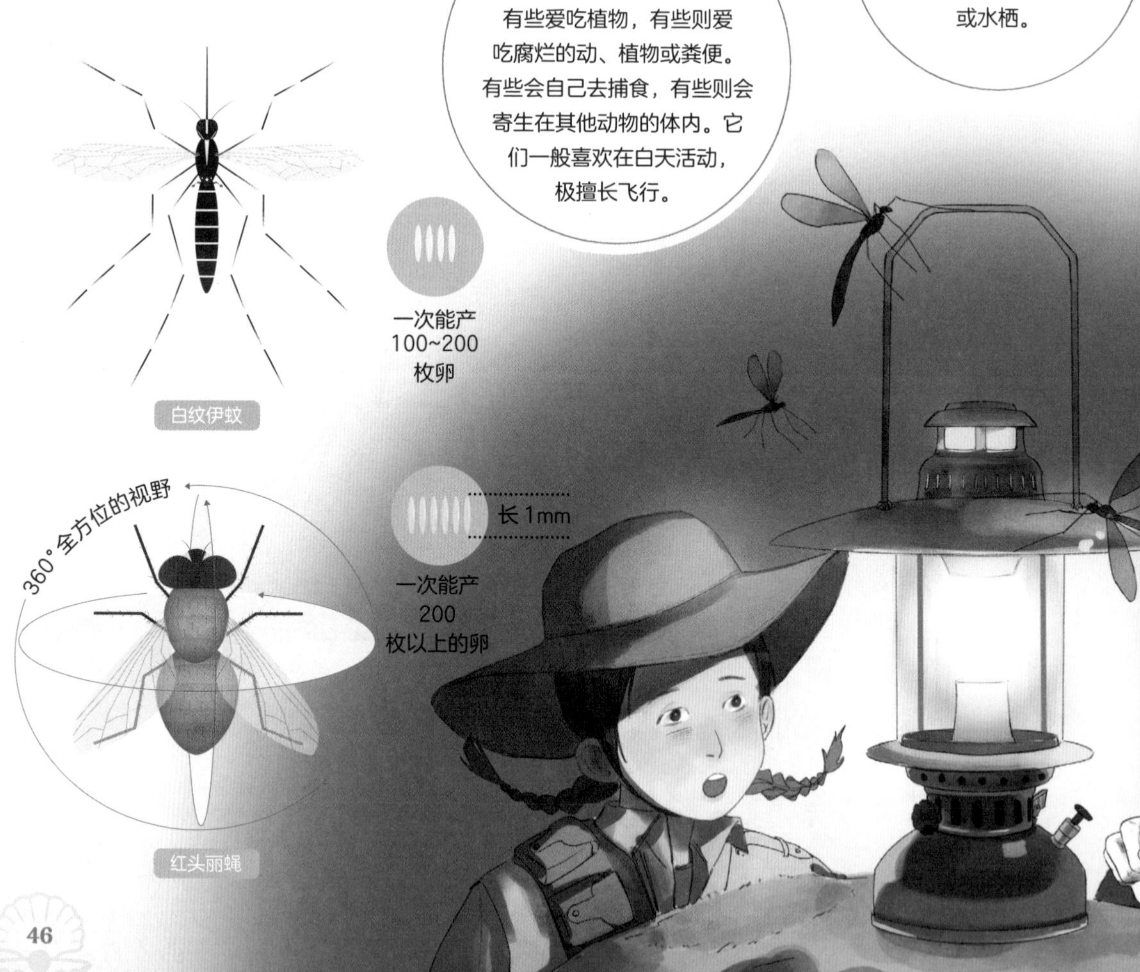

大蚊

食虫虻

6.1 “空中绞肉机”——食虫虻

食虫虻和苍蝇、蚊子是亲戚，是双翅目昆虫中的“空中绞肉机”。它们具有超群的飞行能力，即使是一些体形比它们大得多的昆虫，如蜻蜓、蝴蝶等，也可能成为它们的猎物。食虫虻粗壮带刺的足，有助于它们在空中偷袭成功后卡住猎物。捕获猎物后，食虫虻会向猎物体内注入唾液使之麻痹，再将其内脏吮吸干净。

? 人类每年消灭了那么多苍蝇、蚊子，为什么它们不会灭绝？

苍蝇和蚊子的生殖能力和生存能力都非常强。雌性的产卵数量多，孵化率很高，这是它们不会灭绝的根本原因。

苍蝇和蚊子的幼虫都生活在与成虫不同的环境中：苍蝇的幼虫多生活在动物的粪便、腐肉等腐烂的有机物中；蚊子的幼虫则生活在水中，这意味着它们的生存面更广。

苍蝇和蚊子还有一些特别的生存技巧。苍蝇的复眼可以 360° 全方位无死角地观察周围环境，且飞行速度非常快，这使得它们在敌人发动袭击前便能迅速逃走。而蚊子的嗅觉和感温系统非常发达，能在夜间精准找到目标，神不知鬼不觉地饱餐一顿。

6.2 我才不吸血呢——大蚊

大蚊是双翅目的一大类。之所以叫这个名字，是因为它们长得像蚊子，体形非常大，足特别长。

成年后的大蚊寿命很短，不进食，更不吸血。我们可以通过灯诱的方法吸引到很多大蚊。不要被它们嗡嗡的声音和大大的体形吓到。其实大蚊并没有伤害我们的能力，我们徒手就可以抓住它们，而且，它们的足非常容易掉下来。

6.3 吃花蜜的“苍蝇”——食蚜蝇

在花丛中飞来飞去的不一定是蜜蜂，也可能是黄黑相间的食蚜蝇。虽然它们的名字中有个“蝇”字，但习性和常见的苍蝇差别很大。食蚜蝇的成虫主要取食花粉和花蜜，可以帮助植物传粉。见到食蚜蝇时，我们不需要害怕，因为它们并不会叮人。

食蚜蝇

(7) 螳螂目

螳螂目昆虫通称“螳螂”，比较常见。螳螂广布于世界除极寒地区外的各个地方。

螳螂长着标准的“锥子脸”，头部可以灵活转动。它们在捕食的时候，常常会摆弄出夸张的进攻姿态，动作非常迅速，常常一招制敌。除此以外，螳螂还是玩捉迷藏的高手，拟态技能高超。想要找到它们？那可得特别用心！

出没地区
我们经常会在夏季的草丛、树林中看到螳螂的身影。热带地区的螳螂种类最丰富，数量也比较多。
生活习性
螳螂目昆虫比较好斗，可以说是昆虫界的“暴脾气”。食物匮乏的时候，螳螂连同类都不放过，常出现大吃小、雌吃雄的现象。

(8) 直翅目

你跟小伙伴一起抓过蝈蝈、斗过蟋蟀吗？你有没有在夜晚听到过它们的叫声呢？

直翅目昆虫向来是人们喜闻乐见的类群，它们大都长着发达的后足、革质的前翅和发达的咀嚼式口器。它们在草丛中穿梭自如，发出有节奏的声音。但只要我们一靠近，它们立刻就没了声响。

出没地区

广泛分布于世界各地，其中热带地区种类最多。

生活习性

大部分生活在地面上，喜欢在白天活动，但是也有一些白天生活在地下，只有夜间才会到地面上活动。多数直翅目昆虫以植物为食，只有少部分种类是肉食性的。

(8.1) 聒噪大王——优雅蝈螽（zhōng）

蝈蝈是常见的直翅目昆虫，但很多人都不知道它们还有一个非常文艺的中文名——优雅蝈螽。

优雅蝈螽常见于我国北方地区。有人因为喜欢听它们的“叫声”而将它们当成宠物来养。优雅蝈螽成虫活跃在夏季，但它们的寿命非常短，只有三个月左右。

优雅蝈螽生活在杂草和灌木丛中，因为前翅短小，后翅也退化了，所以它们只能一蹦一跳地行走。如果有一只雄性优雅蝈螽来你家做客，它一定会吵得你彻夜难眠——它发出的声音实在是太有穿透力了。

虽然学名听起来很斯文，但优雅蝈螽吃起东西来可一点儿都不斯文。优雅蝈螽是杂食动物，喜欢吃蔬果和小型昆虫。

优雅蝈螽的“叫声”是从哪里发出来的？

优雅蝈螽的“叫声”，可不是从它的“嘴巴”里发出来的。优雅蝈螽通过摩擦左、右前翅，发出洪亮且有规律的声音。这种声音不仅可以帮助它们吸引异性，呼唤同伴，还能迷惑敌人。雄性的两翅越大、越厚，摩擦就越有力，声音也就越大。

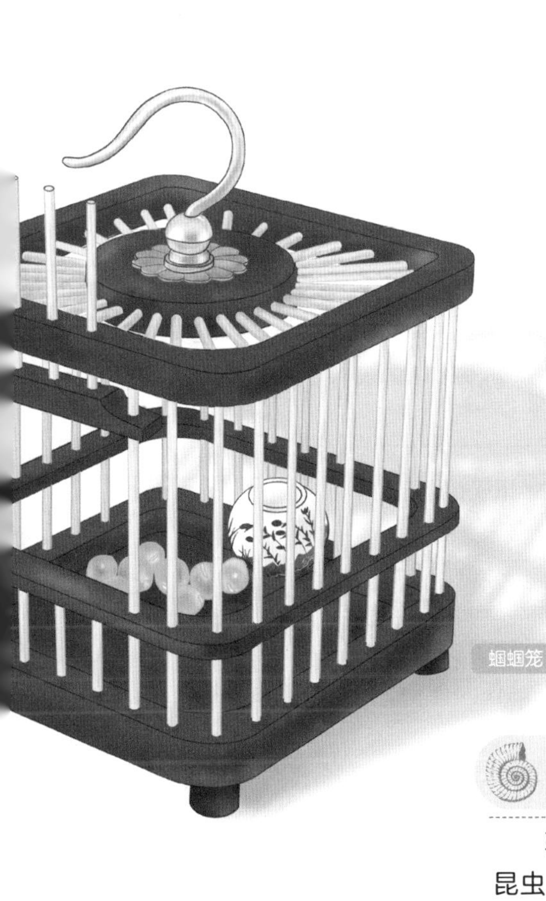
蝈蝈笼

斗蟋蟀

(8.2)驼背大王——驼螽

驼螽俗称“灶马”，是我国南方常见的直翅目昆虫。夏季，灶马常见于野外的石缝处。到了秋季，它们就会到平房室内墙角、砖瓦的缝隙里生活，尤其喜欢生活在温暖的灶台边。

灶马天生驼背、无翅、不能飞行，也没有发声器，凭借触角相互沟通。它们会在夜间出来活动，捡到什么吃什么，并且不会给人类带来危害。当你在农村老式厨房里打开灯，看见朝你跳过来的灶马时，不要惊慌，它们可能只是饿了，出来找点儿东西吃。

3 甲壳动物

你知道经常出现在餐桌上的虾、蟹属于哪类动物吗？

虾、蟹都属于甲壳亚门下的动物。甲壳动物形如其名，它们的身上都披着一层“盔甲”——几丁质构成的外骨骼。甲壳动物种类很多，除了少部分在淡水中和陆地上生活外，大部分都生活在海洋中，因此也被称为“水中的昆虫”。

常见的甲壳动物除了虾、蟹，还包括藤壶、鼠妇等。它们有着共同的特征：身体分节数较多，附肢数量较多，用鳃呼吸。

· 虾和蟹有哪些共同点呢？

罗氏沼虾

中华绒螯蟹

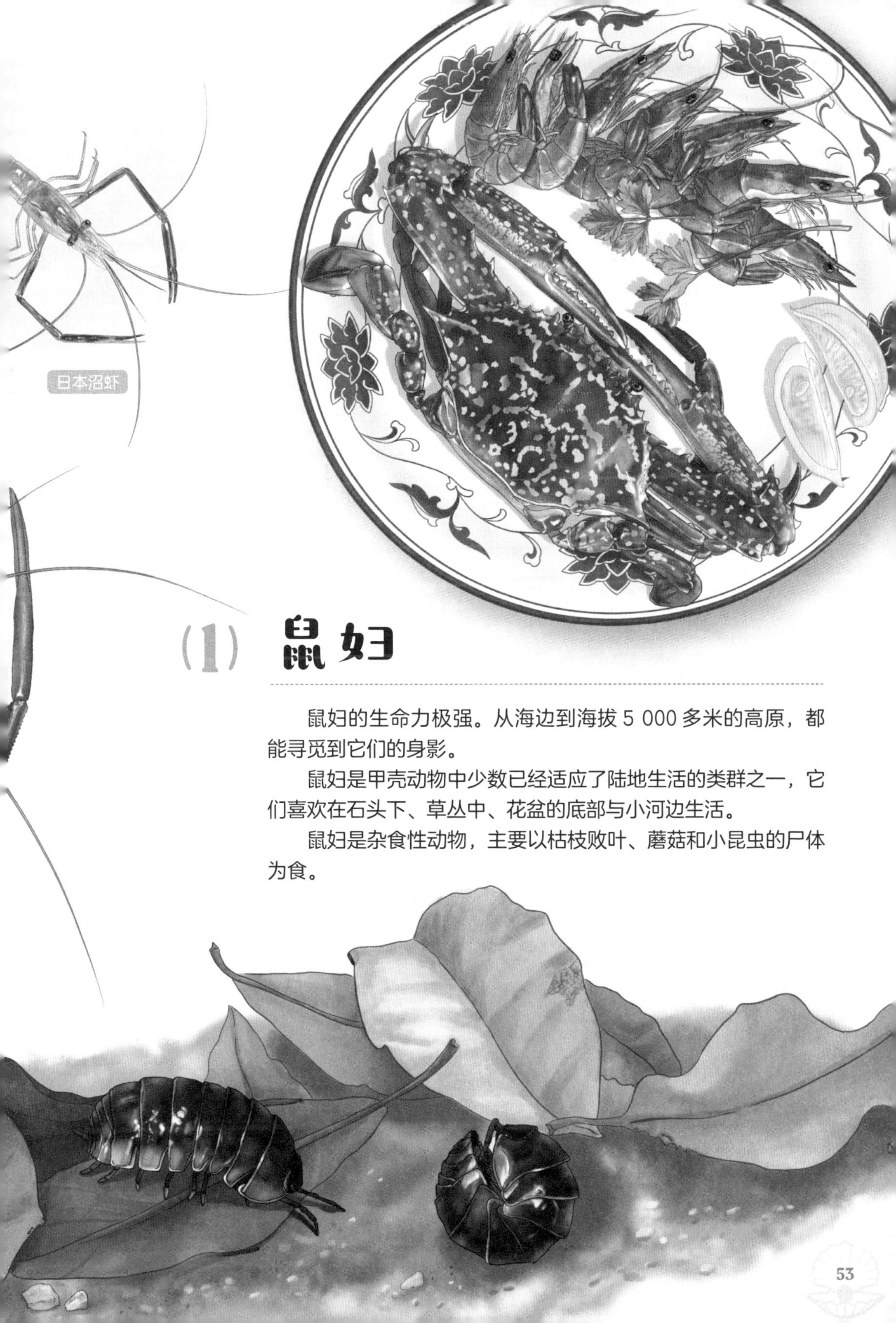

(1) 鼠妇

鼠妇的生命力极强。从海边到海拔 5 000 多米的高原，都能寻觅到它们的身影。

鼠妇是甲壳动物中少数已经适应了陆地生活的类群之一，它们喜欢在石头下、草丛中、花盆的底部与小河边生活。

鼠妇是杂食性动物，主要以枯枝败叶、蘑菇和小昆虫的尸体为食。

（2）钩虾

虽然叫“钩虾”，但它们并不是虾。与属于十足目的正牌虾不同，它们的步足不止 5 对，属于端足目的甲壳类动物。大多数种类的钩虾体长只有几毫米，淡水种类多以腐殖质为食，总是在河边石块或河流腐叶下躲着。它们的步足比较宽，既能爬行，又能游泳，也便于挖掘泥沙，寻找食物。钩虾擅长跳跃，遇到危险时，它们可以通过跳跃让自己逃到更安全的地方。

钩虾

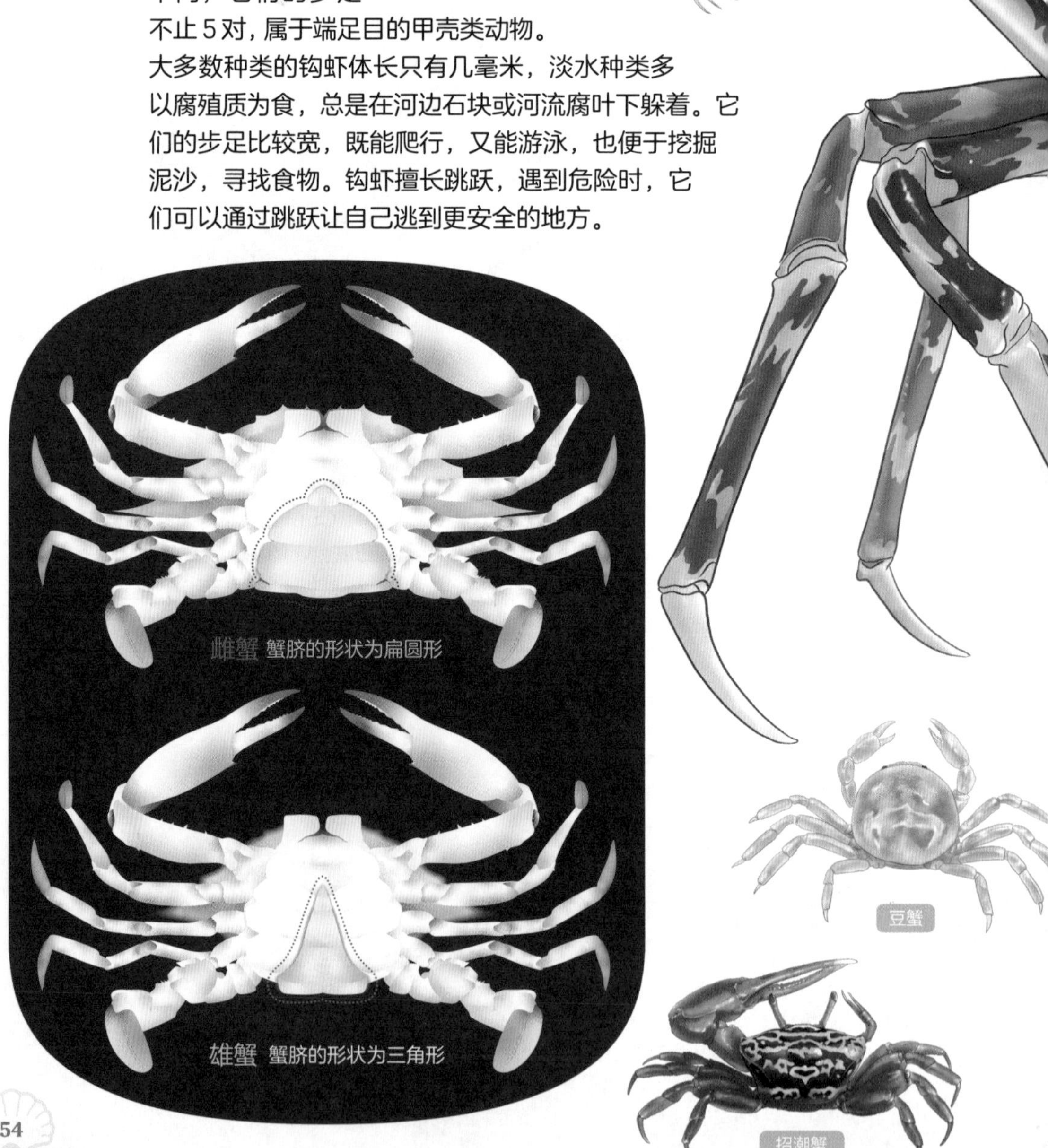

（3）蟹

说到蟹，我们都不陌生。蟹以其美妙的滋味，征服了我们的味蕾，是我们餐桌上的常客。

大部分蟹都生活在海洋中，我们把它们统称为“海蟹”，包括梭子蟹、豆蟹、松叶蟹等；一小部分生活在江河、湖泊等淡水环境中，我们统称之为“河蟹”。除此以外，还有一些生活在潮间带的沙滩上，如沙蟹、招潮蟹等。

4 多足动物

多足动物，顾名思义就是有很多足的动物，它们是节肢动物门下的其中一类。多足动物在生活中很常见，很多人见到它们就头皮发麻——多足动物长得实在是太不可爱了。

出没地区

大多栖息在湿润的森林中，但在草原或者干旱的沙漠地区，我们也可能会发现它们的身影。

生活习性

喜欢在潮湿的石头缝隙、杂草丛生的地方生活，以腐烂的植物为食。它们常在夜间活动，有的类群还会悄悄地造访我们的家。

注意！

多足动物对人类有一定的危害，我们一定要避免与它们直接接触。很多多足动物会分泌一种含醌的化学物质。我们的皮肤一旦接触到这种物质，就可能会出现红肿、水泡或者瘀点，情况严重的话甚至会危及我们的生命。

(1) 蚰蜒

虽然我们常常见到蚰蜒，但是很少有人能够准确地说出它们的大名。一些地方的人称它们为“草鞋虫”“钱串子”。

蚰蜒经常栖息于湿冷的地方。我们搬开野外的大石头，时常会看到有蚰蜒爬出。蚰蜒还喜欢到我们家里的浴室、厨房等地方做客，它们对环境有很强的适应性。

蚰蜒的每个体节均长有一对“大长腿”，爬行速度非常快，具有在物体表面快速移动的能力。很多人会把它们和蜈蚣搞混，但实际上它们的足要比蜈蚣的长得多，而且毒性没有蜈蚣那么强。

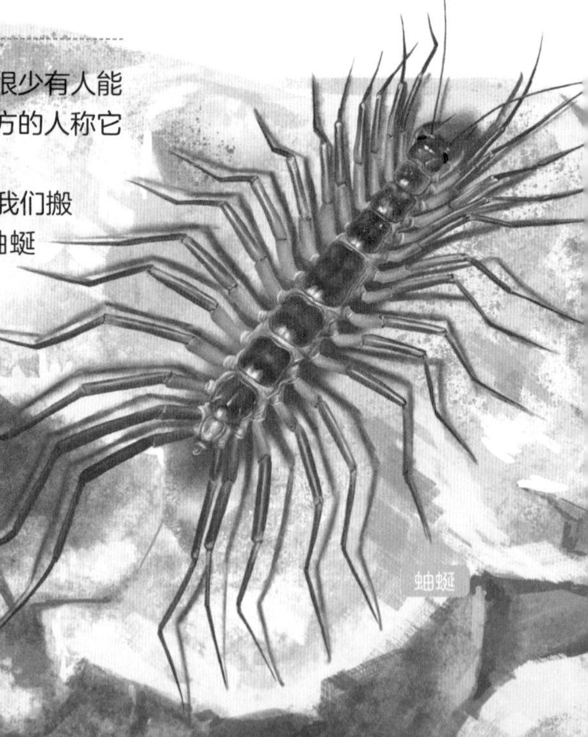

蚰蜒

(2) 蜈蚣

所有的蜈蚣都有毒，它们的毒液来自它们的第一对足（学名“颚肢”），我们也称这对足为“毒爪”。蜈蚣的性情十分凶猛，是矫健的捕猎高手，甚至连体形稍大的老鼠、雏鸟等，也常常成为它们的腹中餐。

蜈蚣害怕日光，昼伏夜出，喜欢生活在阴暗、潮湿的丘陵地带和沙土地区。蜈蚣的钻缝能力可以与蟑螂媲美，是蟑螂的天敌。

不同种类的蜈蚣，足数有所不同。有些蜈蚣只有 15 对足，有些蜈蚣则会有 45 对足！

(3) 马陆

马陆经常被误认为是蜈蚣，和蜈蚣不一样的是，马陆的每一对体节上长着 2 对足。它们还有一个更形象的名字——千足虫，然而，并不是所有的马陆都有上千条足。有些大型种类的背面密布着一圈圈警戒色环。我们可以在阴暗潮湿的地表、石缝或枯枝落叶下找到它们。

但是，不是所有马陆的身形都是如此修长。球马陆作为“小矮人界”的代表，身材很短小。当它们遇到危险时，会将身体盘卷成球状，呈现出假死状态。在应对类似的生存危机时，许多种类的马陆还能分泌一种具有刺激性的化学物质，帮助自己脱险。

马陆

5 螯肢动物

人们用肉眼无法清晰看到的螨虫与可怕的蜘蛛、蝎子居然是同类？

没错！螨虫、蜘蛛、蝎子都是螯肢亚门的动物代表。螯肢动物的口器前有 2 个我们称为“螯肢”的附肢，它们大多长着 8 条腿，身体分 2 个部分：头胸部及腹部。

生活习性

大部分的螯肢动物都是肉食性的，主要以小型的无脊椎动物为食，如昆虫、蜈蚣等；还有一些是植食性的，如蜱、螨虫等。此外，也有一些种类寄生在动物的体表或生活在土壤中。

分布地区

有的螯肢动物生活在海洋中，如大名鼎鼎的“蓝血生物”鲎（hòu）；有的则生活在陆地上，如我们熟知的蜘蛛、螨虫和蝎子等。

（1）蝎子

蝎子和蜘蛛的亲缘关系非常近。不同于蜘蛛的是，蝎子具有一对可固定猎物的钳足与细长的尾，尾部末端是带有毒液的螯针。作为我国民间传说中的“五毒”之一，所有的蝎子都有毒针，但大部分蝎子的毒并不会对人类产生致命伤害——目前已知仅有25种左右的蝎子毒液会对人类生命造成威胁。

蝎子是十足的肉食性动物，蟋蟀、蜈蚣等是它们的最爱。蝎子是变温动物，不仅耐寒，还很耐热，能在 -5℃ ~ 40℃的环境中生存。它们昼伏夜出，喜欢阴暗的地方，大多结伴而居。在寒冷的冬季，蝎子还会冬眠，以降低自身的能量消耗，顺利过冬。

变温动物

也就是我们常说的“冷血动物”，它们的体内没有像人类一样的体温调节系统，体温会随着环境温度的变化而变化。相比于恒温动物，它们对环境温度的要求更高，但可以在食物供给比较有限的条件下存活。

（2）蜘蛛

虽然蜘蛛的长相非常可怕，但它们在维持农林生态系统的稳定方面的作用不容忽视。下次见到蜘蛛时，你可不要将其一脚踩扁哦！

蜘蛛是肉食性动物，小昆虫、马陆等是它们的最爱。所有的蜘蛛都能分泌毒液，并通过注入毒液来杀死猎物。

吐丝是所有蜘蛛都具有的一项技能，但不是所有蜘蛛都会结网。有些蜘蛛用丝来缠绕食物或者卵，给自己编一个小小的巢。还有些蜘蛛就像电影里的“蜘蛛侠”一样，在需要移动、跳跃时，用丝为自己织一根“安全带”。

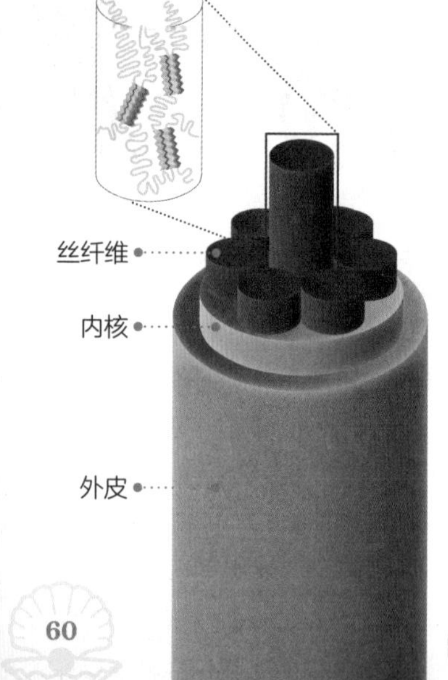

放大的蜘蛛丝

为什么蜘蛛的网不会粘住它们自己？

蜘蛛吐出的丝看似相同，实际上，蛛网上不同类型丝线的材质并不相同。一般来说，从蛛网中心散发的辐射性丝线主要起的是支撑作用，强度很大，但是不具有黏性；而围绕中心一圈一圈的丝线上有一颗颗的小黏珠，主要用来粘住落网的猎物。平时，蜘蛛会选择在没有黏性的丝线上活动。同时，蜘蛛还会分泌一种油性物质，能让它们在有黏性的丝线上行走时，亦能来去自如。

(3) 螨

螨就是我们常说的螨虫，可以说是我们人类的“老朋友”了，很多皮肤病的罪魁祸首就是它们。螨虫到底长什么样呢？

螨虫的个头非常小，大部分种类不超过 1 毫米。螨虫和蜘蛛同属于蛛形纲，螨虫的长相跟蜘蛛也很相似。螨虫的食谱非常广泛，连人类的头皮屑也不放过。我们在日常生活中一定要注意卫生，勤晒被褥，多开窗通风，防止螨虫滋生。

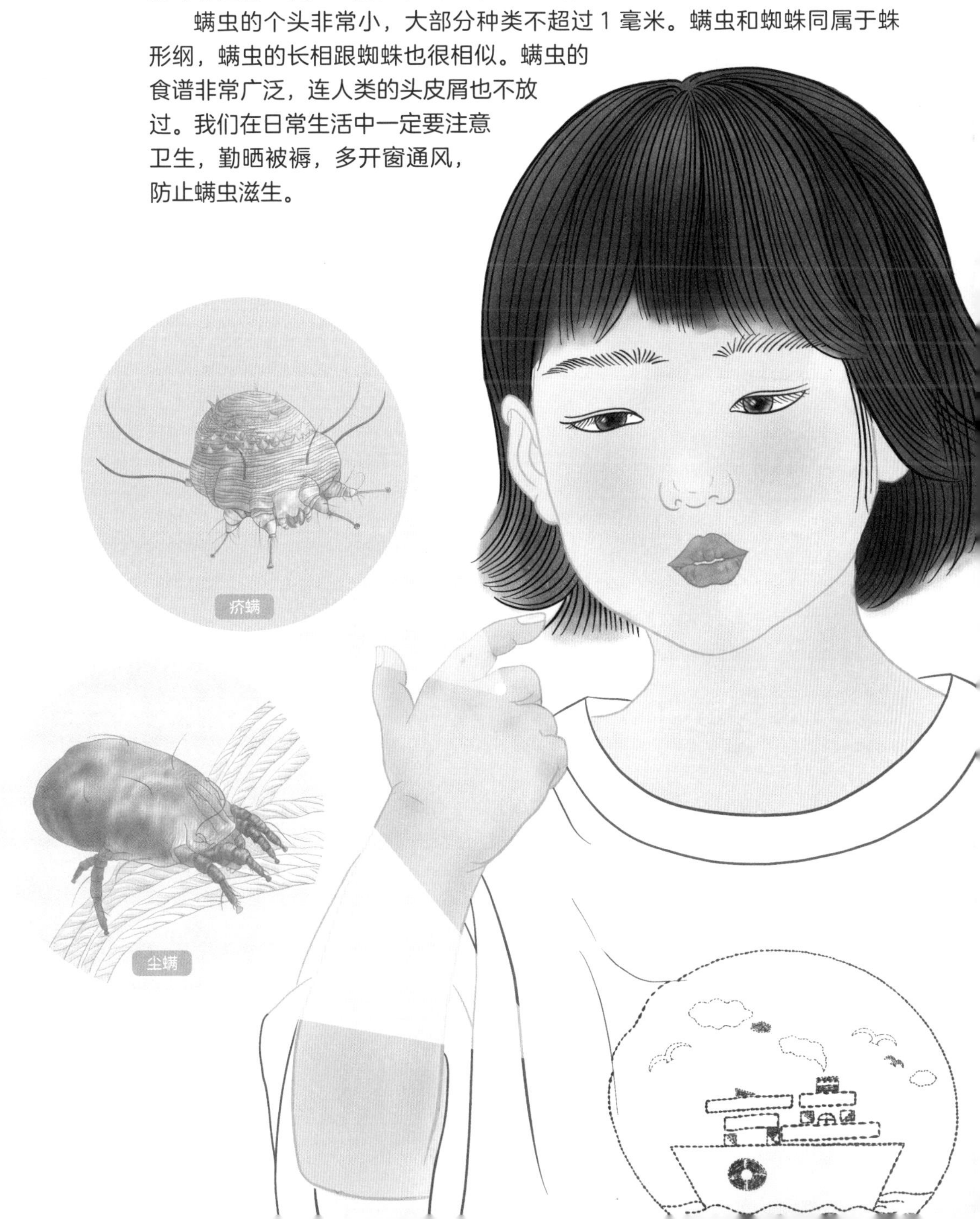

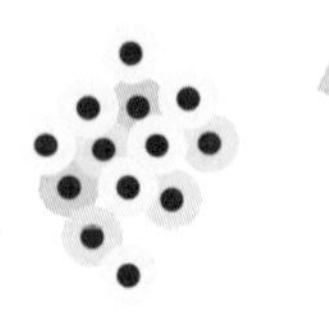

6 两栖动物

两栖动物在水中和陆地上都可以生存。

两栖动物的分布非常广泛。作为从水生到陆生的过渡型动物，它们从鱼类祖先那里继承了在水中生活的本能，同时也演化出了在陆地上生活的能力。

除了强大的生存能力外，两栖动物还有一项绝技——变态发育。

我们较为熟知的两栖动物有青蛙、蟾蜍、大鲵和蝾螈。

分布地区

分布范围非常广泛，除了南极洲、海洋和大沙漠外，遍布全球。在我国，两栖动物在秦岭以南多样性最高，其中西南山区种类最多。

生活习性

幼体生活在水中，用鳃呼吸；成体用肺呼吸，皮肤也能辅助呼吸。它们大都昼伏夜出，以苍蝇、蚊子等昆虫为食物。在酷热或严寒的季节，它们会夏蛰或者冬眠。

变态发育

有些种类的动物在发育的过程中，幼体和成体间的形态和生活习性具有明显的差异，如两栖动物和昆虫。我们称这种发育方式为变态发育。

(1) 蟾蜍

蟾蜍又名“蛤蟆”“癞蛤蟆”，北方多见中华蟾蜍，南方多见黑眶蟾蜍。大部分的蟾蜍都不大好看，体表布满了密密麻麻的疙瘩。蟾蜍行动缓慢，擅长在陆地上爬行。它们常常穴居在泥土中，也会出现在石头下或者草丛中，喜欢在黄昏及夜间出来活动。

蟾蜍因为相貌过于丑陋，常被人用在有贬义的歇后语或成语中，如“癞蛤蟆想吃天鹅肉——自不量力”“癞蛤蟆打哈欠——好大的口气”“折桂攀蟾”等。

蟾蜍

(2) 蛙

通常来说，蛙的皮肤比蟾蜍的要光滑得多，因此水分蒸发得也更快。它们更喜欢生活在水中及潮湿的环境中。与蟾蜍不同，蛙的后肢强壮有力，具有很强的跳跃能力。

蛙的叫声非常响亮，不同的蛙鸣声代表的含义也不同。

蛙以蚊子、苍蝇等为食，是消灭森林和农田害虫的能手。

蛙的种类有很多。在我国家喻户晓的当属黑斑侧褶蛙，这种蛙广泛生活在平原或丘陵地带的水田、池塘、湖沼等地区。

想一想，还有哪些与蟾蜍有关的成语?

(3) 大鲵

大鲵属动物是与恐龙同时代的古老生物，也是亚洲特有的一类珍稀两栖动物。我国分布的大鲵属物种被称为“中国大鲵”，但最新研究表明，中国大鲵实际上是一个复合种（生物分类学的一个概念，指若干个亲缘关系较近的物种，由于外部形态相仿，或遗传关系错综复杂，导致难以确定种间界限，因而被归于一个物种名下）。最新研究表明大鲵至少由 5 个物种组成。体形最大的大鲵体长可达 1.8 米。

中国大鲵是我国国家二级重点保护野生动物。它更为人熟知的名字是“娃娃鱼”，不过它们可不是真的鱼。科学家们推断，大鲵是水生鱼类向陆栖动物演化的一个关键的过渡类型。

大鲵喜欢出没于水流湍急而且清凉、水质清澈、水草茂盛、有较多石缝和岩洞的地方。它们白天常躲在石缝和岩洞内，到了傍晚和夜间才出来活动、觅食。

大鲵新陈代谢的速度很慢。即使半个月不进食，它们的胃里仍有未消化的食物。因此，大鲵的耐饥力很强，好几个月甚至一年不进食都不会饿死。

(4) 蝾螈

不同于青蛙和蟾蜍，蝾螈从小到大都有一条长而扁的尾巴。蝾螈广泛分布在我国秦岭以南的亚热带地区，喜欢在湿润的环境中生活。

蝾螈的体形跟蜥蜴相似，呈比较丰满的圆筒形，但它们的体表黏糊糊的，没有鳞片。有些蝾螈的颜色都很鲜艳，四肢短短的，脚上没有蹼。我们可以在山涧、沼泽、池塘或稻田里找到它们。

蝾螈爱吃蚯蚓、小型昆虫、软体动物等，不过它们主要靠嗅觉捕食——它们的视力太差了。

注意！

有些蝾螈是有毒的！当蝾螈受到攻击时，会分泌出一种胶状物，直到敌人被胶状物粘住，行动不便为止。

7 爬行动物

爬行动物通常穿着角质鳞片制成的“外套”，它们比两栖动物更适宜于在陆地上生存。爬行动物可以像人类一样：完全用肺呼吸；四肢更加发达；可以完全脱离水环境，在陆地上生活。我们熟知的爬行动物包括鳄、龟、蛇、蜥蜴、壁虎等。

生活习性

爬行动物的活动与气温、食物的丰富程度有关。爬行动物也是变温动物，即需要从外界获得身体必需的热量。夏季是爬行动物的活动季节，此时温度适宜，食物丰富，它们往往选择在此时觅食、繁殖；到了秋冬季节，则会进入冬眠状态。

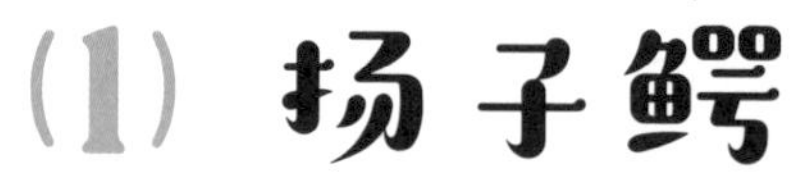

(1) 扬子鳄

扬子鳄又名鼍(tuó)，是我国特有的、同时也是唯一自然分布的鳄目动物，分布于长江中下游的水域中。它们的祖先曾与恐龙共存，并且延续到了新生代。在它们的身上，我们可以看到爬行动物祖先的许多特征。

一般来说，扬子鳄白天在河边的洞穴中休息，夜间才会出来捕食。它们是打洞的能手，所打的洞穴就如一座座地下迷宫。扬子鳄总是懒洋洋地半闭着眼睛，给人一种迟钝的错觉。实际上，一旦发现猎物，它们会立即行动起来，一把将其抓住。

扬子鳄的食量大，耐饥能力非常强，这使得它们可以平稳度过漫长的冬眠期。

（2）中华鳖

中华鳖，又名“甲鱼”，是人们经常养殖的一个龟种。中华鳖常常藏在河流或者湖泊底的泥沙中，有上岸进行日光浴（晒甲）的习性，喜欢吃臭鱼、烂虾等腐食。

野生中华鳖的寿命在60年以上，算得上是动物中的长寿明星！

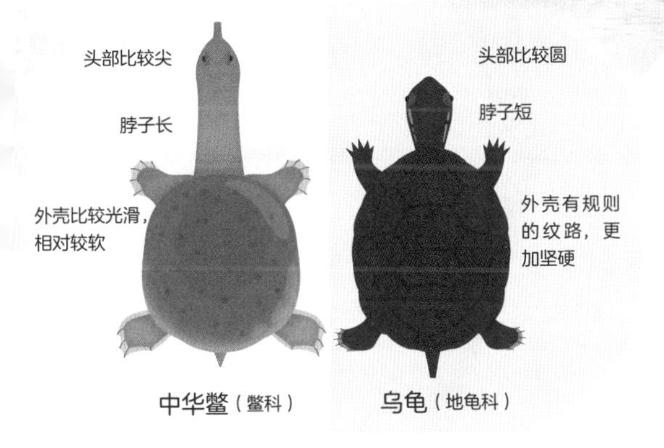

（3）乌龟

在很多人眼中，“乌龟”是对除鳖类以外所有龟鳖目动物的统称。但实际上，有一种地龟科的动物，中文正式名就叫作“乌龟”，俗称“草龟”。它们在我国分布非常广泛，白天多居住在水中，炎热的时候会到阴凉的地方避暑。受到惊吓时，它们会快速把头、四肢和尾缩入壳内，这就是成语“缩头乌龟”的由来！

在野外，我们如何区分中华鳖和乌龟呢？

最简单的办法就是看它们的壳：中华鳖的壳比较光滑，相对较软；而乌龟的壳表面有规则的纹路，更加坚硬。还可以看它们的头和脖子：中华鳖的头比较尖，脖子相对较长；乌龟的头比较圆，脖子相对较短。

从习性上看：中华鳖的攻击性较强，常会主动攻击其他动物；而乌龟的性格比较温和，一般不会对其他动物发起攻击。

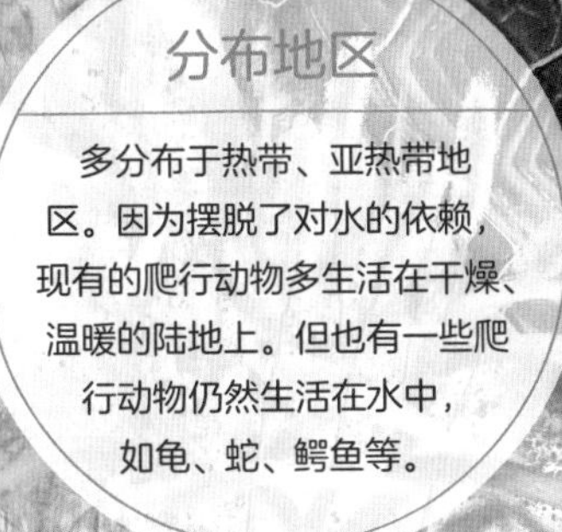

分布地区

多分布于热带、亚热带地区。因为摆脱了对水的依赖，现有的爬行动物多生活在干燥、温暖的陆地上。但也有一些爬行动物仍然生活在水中，如龟、蛇、鳄鱼等。

(4) 壁虎

壁虎是一类特殊的蜥蜴。狭义上，它们仅仅指壁虎科的物种；而广义上，它们还包含睑虎科等多个类群。

在野外，无蹼壁虎是我国北方最常见的壁虎种类，也是我国的特有种类。

无蹼壁虎的背上长着密密麻麻的细小鳞片，它们经常会在夜晚悄悄出现在屋檐下、建筑物的缝隙内、树上、岩缝中。它们擅长飞檐走壁，遇到敌人时还能断尾自救。

断尾上的肌肉能强烈地收缩一段时间，使得脱离了身体的断尾仍能在地面上跳动。这可以吸引敌人的注意力，从而让它们乘机逃生。

壁虎的断尾

(5) 石龙子

石龙子是一类蜥蜴的泛称，属于石龙子科。大部分石龙子没有明显的颈部，所以体形看上去更加浑圆。它们的四肢相对较小，是出了名的小短腿。石龙子多栖息在植被茂密的森林边缘或者林中的空地上。通常情况下，它们的行动方式更像蛇的滑行方式，因此它们也被称为“四脚蛇”。

在野外，常常能见到的是长着蓝色尾巴的石龙子，很多人把它们统称为“蓝尾石龙子”。但实际上，长着蓝色尾巴的石龙子可不止蓝尾石龙子一种。这些长着蓝色尾巴的石龙子和蓝尾石龙子在形态上极为相似，区别是前者只在幼体时期才有蓝色尾巴，成年以后，这个特征便消失了。

不过，它们的蓝色尾巴可不仅是为了好看，其更重要的功能是分散捕食者的注意力，避免身体要害受到攻击。

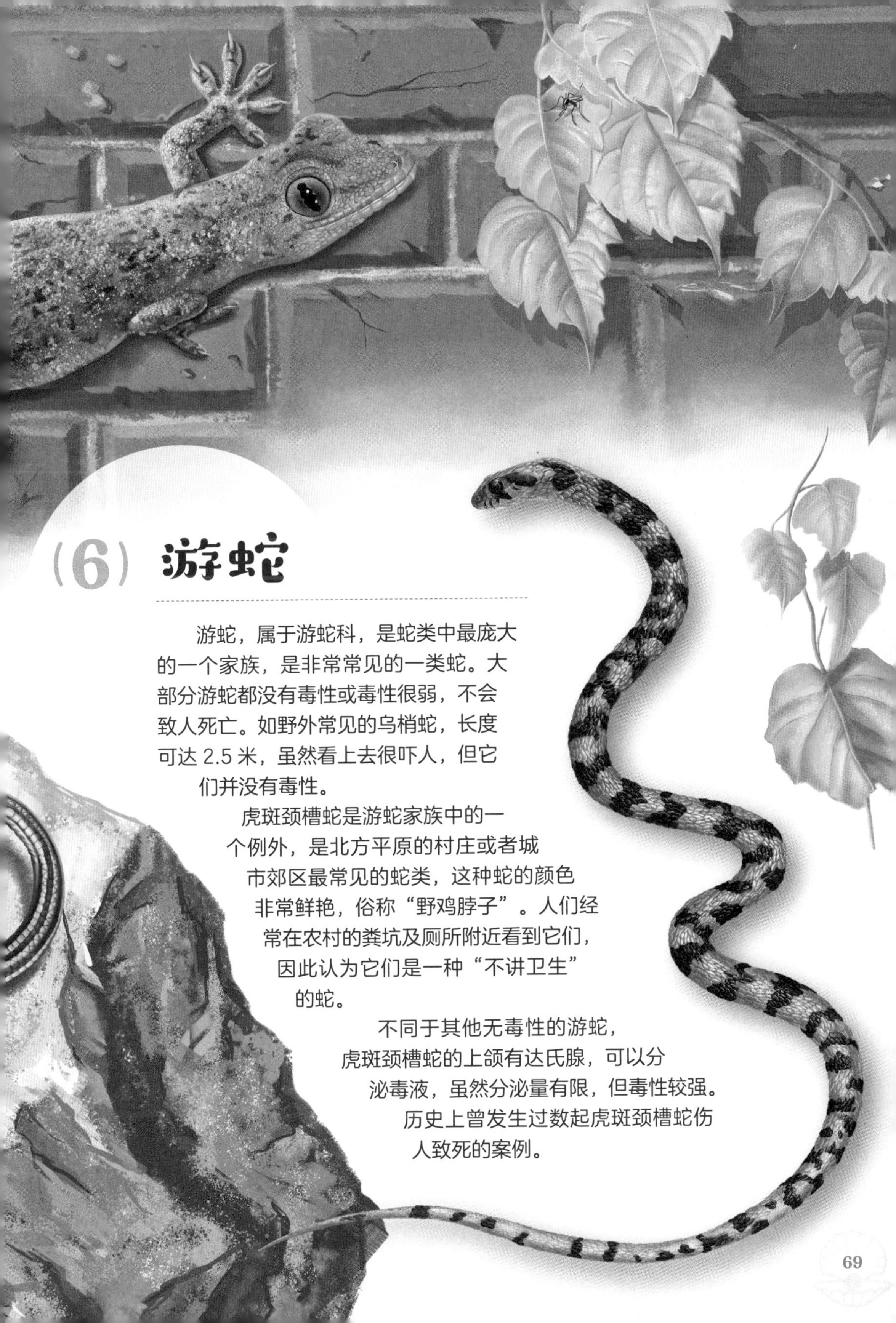

(6) 游蛇

游蛇，属于游蛇科，是蛇类中最庞大的一个家族，是非常常见的一类蛇。大部分游蛇都没有毒性或毒性很弱，不会致人死亡。如野外常见的乌梢蛇，长度可达 2.5 米，虽然看上去很吓人，但它们并没有毒性。

虎斑颈槽蛇是游蛇家族中的一个例外，是北方平原的村庄或者城市郊区最常见的蛇类，这种蛇的颜色非常鲜艳，俗称“野鸡脖子”。人们经常在农村的粪坑及厕所附近看到它们，因此认为它们是一种“不讲卫生”的蛇。

不同于其他无毒性的游蛇，虎斑颈槽蛇的上颌有达氏腺，可以分泌毒液，虽然分泌量有限，但毒性较强。历史上曾发生过数起虎斑颈槽蛇伤人致死的案例。

8 鱼类

分布地区

世界上现存鱼类的分布极广，在海拔近 4 000 米的高山水域与海平面以下 6 000 多米的深海中均有鱼类出现。

鱼类是地球上最古老的脊椎动物，最早可追溯至 5 亿年前的寒武纪。鱼类的适应性极强，几乎占据了地球上所有的水生环境：无论是溪流湖泊，还是大海汪洋，都有鱼类生存。

鱼类也是众多动物的食物来源。鱼肉富含动物蛋白质，营养丰富易吸收，作为食物，有利于我们体力和智力的发展。

生活习性

大多数鱼类终年生活在水中。有的鱼类会在不同的季节，有规律地在海水和淡水间迁徙，这种行为我们称为“洄游”。鱼类的洄游大多是为了寻找更好的觅食和繁殖地，不过洄游到目的地后，鱼群中的大部分会死亡，只有少数能够生存下来。

(1) 鳑鲏鱼

páng pí

鳑鲏鱼，鳑鲏鱼属鱼类的统称，是常见的小型淡水鱼类。它们是杂食性鱼类，主要以藻类为食；多栖息在缓慢流动或静止的、水草茂盛的水域；喜欢群游，活动范围不大；寿命较短。

鳑鲏鱼的繁殖方式很特别，需要依靠淡水河蚌才能繁育后代。

鳑鲏鱼幼时颜色较浅，背鳍上的黑斑是它们幼年时期的标志。成年以后，雄性的色彩会变得十分艳丽，很多人会将它们养起来观赏。

（2）鲤鱼

鲤鱼是鲤科鲤属鱼类的通称，也是我国家喻户晓的鱼类。它们的故乡在亚洲，通过渔业贸易被引进到欧洲、北美洲以及其他地区。有些种类，因颜色艳丽而深受大家的喜爱，例如锦鲤。

在我国古籍《尔雅》中有“鲤鱼跃龙门”的故事，传说黄河鲤鱼跳过龙门（位于山西省河津市的黄河峡谷），就会变化成龙。现在用来喻指前程似锦，也比喻逆流前进，奋发向上。成年的鲤鱼的确能蹦出水面 1 米多高，不过它们可不是为了前程。作为一种居于水草深处的底栖鱼，时不时地蹦出水面，主要是为了让自己呼吸到更充足的氧气。

（3）麦穗鱼

麦穗鱼是麦穗鱼属，也是常见的小型淡水鱼类。我们可以在城市公园、湿地公园的水塘中找到它们。在水中生活的轮虫、蚊子的幼虫等是它们最爱的美食。

（4）泥鳅

泥鳅是花鳅科泥鳅属的一种鱼类，在我国分布广泛，十分常见。

泥鳅生活在池塘、河流底部的淤泥中，昼伏夜出。因为常年在黑暗中生活，它们的视力退化严重，主要依靠触须和侧线来躲避敌人，寻找食物。

泥鳅对环境的适应性很强，因为它们有一项特异功能：在缺氧的环境中能靠肠呼吸的方式来增进气体交换的效率。因为它们的肠上皮细胞和我们人类的肺泡相似，非常有利于红细胞进行气体交换。即便处在缺水的环境中，只要泥土是湿润的，泥鳅仍然可以存活很长时间。

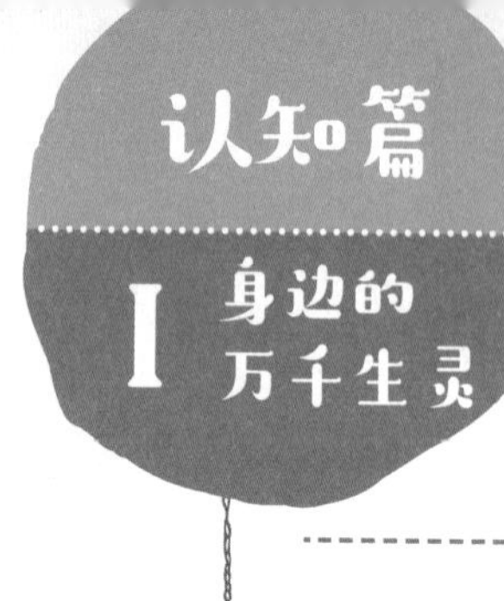

9 鸟类

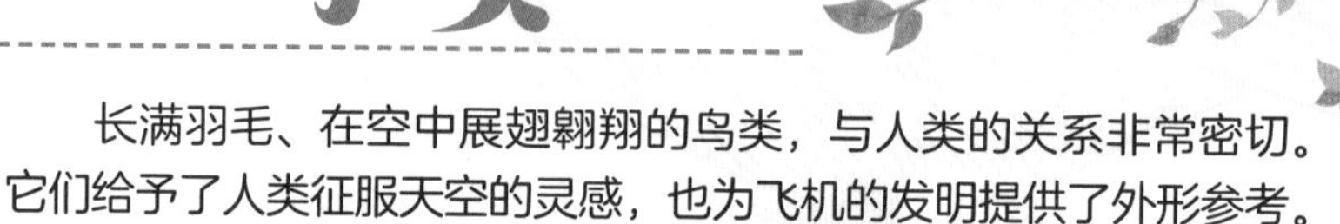

长满羽毛、在空中展翅翱翔的鸟类，与人类的关系非常密切。它们给予了人类征服天空的灵感，也为飞机的发明提供了外形参考。

鸟的种类众多。它们绚丽多彩的羽饰、婉转动听的歌喉和姿态各异的外形，颇受文学家们的青睐，很多脍炙人口的诗句都以鸟为主题。此外，大多数鸟在消灭农林害虫和消除鼠患方面有着特殊的贡献。

分布地区

鸟类的分布范围特别广泛，即便是在极寒冷的南极地区，也有鸟类出现。

生活习性

鸟类的栖息环境存在着较大差异。有些鸟会在不同的季节里，有规律地更换栖息地，这种季节性行为叫作“迁徙”。鸟类的迁徙一般在春秋两季进行。秋季，它们离开营巢地，飞往温暖的越冬地；到了春天，它们又会从越冬地飞回营巢地，在营巢地繁育后代。

（1）鸮（xiāo）

说到鸮你可能不太熟悉，它们有一个更加如雷贯耳的名字——猫头鹰。鸮是鸮形目鸟类的统称，是一类分布广泛的猛禽。除了南极地区，在其他地方都能见到它们的身影。

大部分猫头鹰都是“夜行侠”，昼伏夜出，白天常隐匿在树丛中或屋檐下，极少数会在白天活动。

跟其他鸟类不同，猫头鹰的眼睛长在头部的正前方，且无法转动，所以当它们观察周围的环境时，只能转动脑袋，这也造就了它们 270° 转动脑袋的绝技。

除此以外，猫头鹰还拥有极其发达的听觉系统，即使在黑暗中，它们也能通过声音精准地对猎物进行定位。

猫头鹰以鼠为主食，是捕鼠能力最强的鸟。一只猫头鹰一年可以吃掉 1 000 多只老鼠，说它们是森林中的“捕鼠专家”，可谓实至名归。

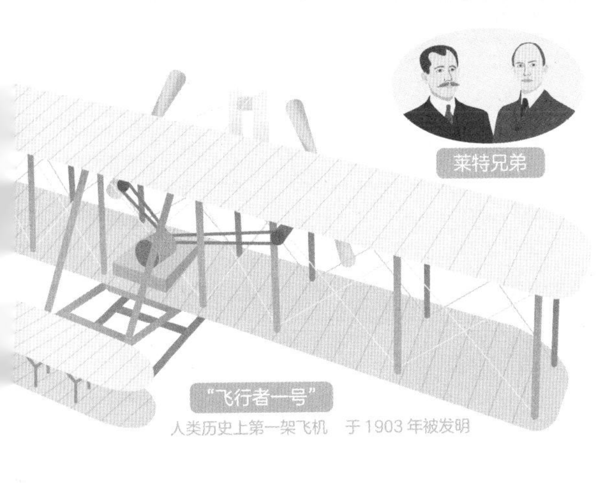

人类历史上第一架飞机　于 1903 年被发明

（2）兀鹫

兀鹫，是兀鹫属鸟类的统称，汉语里“兀”的意思是“秃”，形象描述了它们头部和颈部羽毛全部退化的特征。很多人把兀鹫误称为“秃鹫”，其实，兀鹫和秃鹫分别代表了两个截然不同的类群：兀鹫才是真正的“光头”。

兀鹫是大型猛禽，有的种类翼展甚至能达到 2 米以上，飞行能力很强，其中黑白兀鹫的飞行高度可以超过 1 万米。虽然它们是猛禽，但它们极少捕猎，主要以动物尸体为食，是“大自然的清道夫”。兀鹫还有一个特殊技能，与同类抢食物的时候，它们的面部和脖子会变成红色，好像在警告其他兀鹫：“不要来抢我的！”败下阵来的一方会被挤开，面部和脖子的颜色也会慢慢恢复为原来的颜色。

(3) 乌鸦

乌鸦，是鸦属鸟类的统称，我国最常见的乌鸦是大嘴乌鸦，全国范围均有分布。说起乌鸦，大部分人可能都会觉得不吉利。生活中，很多人因为见到了乌鸦，就认为自己马上要倒霉了。这么想可不科学。要知道在古代，碰上乌鸦叫，人们还认为是天大的喜事呢！我国中原地区曾有民谣这样唱道："乌鸦叫，喜来报。早报喜，晚报财，晌午报，有人来。"

除此以外，乌鸦一直以其极高的智商而享有盛名。它们拥有鸟类中"最大的大脑"（乌鸦大脑的质量占其体重的比例在鸟类中是最大的），智商比许多哺乳动物还高。科学家通过研究发现，新喀里多尼亚的一种乌鸦可以用 4 种不同的材料来制作工具。

（4）鸳鸯

自古以来，我国民间都将鸳鸯视作爱情的象征。人们看见水面上成对游来游去的鸳鸯，便以为它们是情投意合的“结发夫妻”。实际上，雄鸟只会在求偶时万般讨好雌鸟，等幼鸟出生后，它们就立刻“逃之夭夭”了。

关于鸳鸯，还有一个会让大多数人惊掉下巴的秘密：它们不仅能水陆两栖，还是爬树高手。它们既可以在树枝上自由地起飞降落，又能在枝干间灵活地走动。在繁殖季节，鸳鸯会把自己的巢安在树洞里，以便繁育幼鸟。

唐代鸳鸯纹

认知篇

I 身边的万千生灵

10

哺乳动物

哺乳动物是我们生活中最熟悉的动物，猫咪、小狗，老鼠……包括我们自己，都是哺乳动物。

哺乳动物的分布十分广泛，从海平面以下数千米的深海到海拔 5 000 米以上的高原，从寒冷的南北两极冰原到酷热潮湿的热带雨林，从自然生态环境到人工环境，都有它们的身影。多样的生活环境，造就了它们形态的多样化：

蓝鲸的体长能超过 30 米，而凹脸蝠的体长还不到 10 厘米；雄性长颈鹿的身高有 4 ~ 5 米，舌头也有 40 多厘米长；大象的长鼻子像人类的手一样灵活；蝙蝠有着像鸟类一样能飞翔的翅膀；而身体和尾巴像海狸，嘴巴和脚像鸭子的“奇异组合”鸭嘴兽也是哺乳动物。

（1）蝙蝠

蝙蝠的分布范围很广，属于全球性广布的类群，在热带和亚热带地区最为常见，是唯一演化出真正飞行能力的哺乳动物。

蝙蝠喜欢栖居在洞穴、树林中。它们的外形奇特，身上密布着一层又细又短的毛。

蝙蝠的飞行能力很强，喜欢在夜间活动。它们的视力虽然不是很好，但听觉非常发达。在十分昏暗的环境中，它们可以通过回声定位准确地避开障碍物、捕捉猎物。

蝙蝠在生态环境中扮演着非常重要的角色，大部分（约 70%）的蝙蝠以昆虫为食。在欧洲，它们几乎是夜行性昆虫唯一的天敌，所捕食的主要是农林业害虫。一部分蝙蝠以果实、花朵、花蜜等为食，它们是热带地区非常重要的传粉者。据统计，有 500 多种热带植物通过蝙蝠授粉，其中 300 多种是水果植物，包括“水果之王”榴梿。被称为东非大草原“生命树”的猴面包树几乎完全依赖蝙蝠授粉。

（2）刺猬

刺猬是十分常见的野生哺乳动物，它们的身体圆溜溜的，皮肤表面短刺密布，看起来十分可爱。不过，它们身上裸露的皮肤也为蜱虫、虱子和跳蚤等吸血生物提供了补充营养的极佳场所。

刺猬的性格胆小孤僻，行动迟缓，夜晚活跃在公园、花园的灌木丛中。它们最爱的食物是各种各样的小型昆虫。虽然我们经常能在书中看到刺猬扎水果的画面，但刺猬一点儿都不爱吃水果。

刺猬在活动区域内发现带有气味的植物时，会将其咀嚼后扭头吐到自己的刺上，让自己与周围环境的气味保持一致，防止被敌人发现。遇到危险时，刺猬会蜷缩成球状，将刺朝外，以此来保护自己。

(3) 松鼠

松鼠经常出现在小树林中。它们外形可爱，尾巴毛茸茸的，又大又长，总是翘起来。

松鼠脸颊内侧的颊囊可以用来储存食物，这也是它们的腮帮子总是鼓鼓囊囊的原因。松鼠喜欢立起身子坐着，用 2 只前爪捧着食物往嘴巴里送。除了种子和果仁，它们也会吃鸟蛋、水果，有的松鼠还会吃昆虫。

11 植物

跟动物一样，植物也是生命的主要形态之一。它们形态多样，颜色各异，装点了我们生存的环境，让我们更直观地感受到自然界的生机勃勃、缤纷多彩。

那么，除了花草树木，还有哪些也是植物呢？我们经常吃的蘑菇、木耳是植物吗？遍布在阴暗潮湿处的苔藓，是不是植物的一种？滋味鲜美的海带、紫菜，是不是植物呢？

广义的植物包括四大类，分别是藻类植物、苔藓植物、蕨类植物和种子植物。蘑菇、木耳是真菌，并不是植物。海带是褐藻，也不是植物。所有植物的细胞里都有叶绿体，它们利用这个结构来进行光合作用。叶绿体里的叶绿素让大多数植物呈现出绿色。不过，会进行光合作用的可不只有植物，很多其他生物也会哦！

(1) 藻类植物

藻类植物是绿藻、红藻、轮藻等水生植物的统称，它们有的是单细胞，有的是多细胞，都靠孢子来繁殖。你能在各种各样的水体中见到藻类植物，它们或是漂浮在水里，或是附着在石头等物体上生长。全世界共有 13 000 多种藻类植物。

(1.1) 石莼

石莼又叫“海白菜”，在海边低潮区和潮间带的礁石上生长。每当潮汐退去时，它们就会露出水面。

(1.2) 水绵

淡水溪流和池塘里最常见的藻类植物就是水绵，它们的细胞连接成了一条条细长的丝线，漂荡在水中。一旦长得过于茂密，水绵就会变成乱糟糟的一大团。无数水生动物依靠水绵供给氧气，或者以水绵为食，或者藏身其中。

(2) 苔藓植物

苔藓植物包含真藓、角苔和地钱三类，全世界超过 20 000 种。它们十分矮小，没有专门用来运输水分和营养的维管束，也没有真正的根、茎和叶，依靠孢子来繁殖。由于孢子必须在水中才能游动，所以苔藓只能生长在潮湿的地方，如河边的石头上、树干的背阴面、房前屋后的角落里，还有热带雨林中的几乎任何地方。

苔藓植物没有真正的叶，它们只有类似叶的叶状体。这种叶状体被称作“假叶”。

(2.1) 葫芦藓

葫芦藓是世界上最常见的苔藓之一。葫芦藓繁殖时，会伸出长长的柄，上面有孢子体，叫“孢蒴”。葫芦藓的孢蒴是水滴形的，末端还有一个长长的尖嘴。

(2.2) 黄角苔

黄角苔是角苔的代表性植物。黄角苔的孢子体是长角状的，能够释放出标志性的黄色孢子。

(2.3) 地钱

地钱的假叶很宽阔，平铺在地上，上面有很多茶杯形的颈卵器。它们的孢蒴一开始是球形的，成熟之后会裂开，样子很像八爪鱼。

(3) 蕨类植物

蕨类植物也要靠孢子繁殖，不能离开水。但是相比苔藓，它们因为有维管束以及真正的根、茎和叶，所以耐旱力强。蕨类植物的孢子团长在叶片的下面。

在林间小道两旁，我们经常能见到大丛大丛的蕨类植物。阴湿温暖的环境是它们的最爱。全世界有 10 000 多种蕨类植物。

(3.1) 蕨

俗称“蕨菜”，生长速度非常快，生命力很强，最喜欢山地阳坡及森林边缘阳光充足的地方。

春季雨后，蕨菜的新叶会迅速生长，从卷曲的状态中舒展开来。尚未展开的蕨叶新鲜脆嫩，非常好吃。不过，蕨菜可不能吃得太多。蕨菜中含有致癌物质原蕨苷，所以吃蕨菜前，最好用草木灰或小苏打腌制一会儿，这样可以有效地去除蕨菜中的致癌物质。

3.3 桫椤

suō luó

桫椤是蕨类植物中的巨人，也是蕨类植物中的“活化石”。桫椤曾经是恐龙的食物，喜欢温暖潮湿的气候。大多数桫椤生长在亚洲的热带森林中。它们像树木一样高大，因此又被称为“树蕨”。

3.2 石韦

石韦是一种在地面上匍匐生长的蕨类植物。它们的茎细软如藤，上面有一片片形似柳叶的叶子。山间潮湿的石面、农家的瓦制屋顶是石韦最喜欢的生长场所。

(4) 种子植物

种子植物是植物界最高等的类群，它们不用孢子繁殖，而是用种子。与孢子植物不同，种子植物交配过程不需要太多水的参与。

种子植物分为裸子植物和被子植物。裸子植物的种子裸露着，外层没有果皮；被子植物的种子外层则有果皮包裹。

(4.1) 裸子植物

裸子植物是最先使用种子进行繁殖的植物，它们不会开真正意义上的花，叶子没有主脉，多为高大的乔木。全世界有超过 1 000 种裸子植物。

4.1.1 银杏

我国植物的“活化石”——银杏，就是一种裸子植物。银杏有着标志性的扇形叶子，我们在城市的道路两旁经常能见到它们。

银杏出现在约 2.7 亿年前，和它们同纲的其他植物皆已绝迹。银杏的种子俗称“白果”，有一种臭臭的气味。

为什么白果闻起来臭臭的？

新鲜白果的臭味，其实来自其外种皮含有的丁酸，这种物质让它们闻起来就像是腐臭的黄油一样。白果的种皮直接裸露在外面，因此它们的气味就毫无阻拦地飘散在空气中了。白果散发出臭味就标志着它们已经成熟。

4.1.2 松

各种松都是裸子植物，常见的油松就是其中的典型代表。油松往往生长在海拔较高的地方，它们不畏严寒，四季常青，姿态傲然挺拔。

松以其苍劲茁壮、不惧风雪的特性，成为文人赞美的对象。

“人生不得如松树，却遇秦封作大夫”“大雪压青松，青松挺且直”，这些都是赞美松树的诗句。

想一想，还有哪些赞美松树的诗句？

(4.2) 被子植物

所有会开花的植物都是被子植物。被子植物又叫“显花植物”。全世界已知的被子植物约300 000种。

4.2.1 橡树

橡树是壳(qiào)斗科高大乔木的统称，如栎属植物。它们的生命期很长，有的能达到400岁高龄。它们的果实统称为“橡果”，长得很有特点，可爱极了：杯状的壳斗半包裹着光溜溜的坚果，壳斗的表面是密密麻麻的小鳞片。橡果中富含单宁酸。橡果吃起来有点儿涩口，却是松鼠、鸟类等动物超级喜爱的美味。

4.2.2 素馨

素馨属植物是一类带有清新花香的灌木植物，家喻户晓的茉莉也是素馨大家族中的一员。大部分分布在我国湿润的西南和东南地区。

素馨这个名字的由来，相传与南汉末代皇帝的侍女素馨有关。她喜欢素馨花，死后她的坟冢上也长有此花，花因人而得名。

4.2.3 莲

莲是常见的水生花卉之一，它们还有另外一个更为人熟知的名字——荷花。《诗经》中有“隰有荷华”，就是说凡是有沼泽、水域的地方，就有荷花。

荷花美丽，有清香。“接天莲叶无穷碧，映日荷花别样红”便是荷花之美的写照。荷花的根茎生于池塘或河流底部的淤泥中，而荷叶、荷花均挺出水面。

12 真菌

真菌既不是动物，也不是植物。它们自成一派，但与动物、植物又有很多相似之处。

人类对真菌所知甚少。我们现在已经认识的真菌大约有 14.6 万种，而科学家们估计全世界的真菌有两三百万种！真菌不会像植物那样进行光合作用，只能寄生在动植物的身体里，或者生长在动植物遗体分解成的有机物上。

有些真菌（如酵母菌）是单细胞的，可以直接通过细胞分裂或者出芽来繁殖。而有些真菌是多细胞的，依靠纤细的菌丝来吸收营养，它们在繁殖的时候，会长出肉眼可见的子实体，通过子实体产生孢子。

蘑菇、木耳、灵芝、霉菌、锈菌、黑粉菌，还有常见的足癣、灰指甲等人类疾病的病原菌，都属于真菌。蘑菇、木耳等菌类为大型真菌。

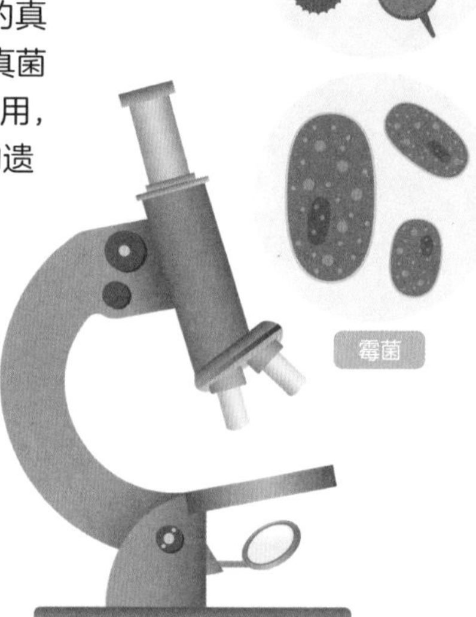

锈菌

霉菌

(1) 牛肝菌

牛肝菌多生长在山区针叶林或者针阔混交林潮湿松软的地面上，味道鲜美，是不可多得的食用蘑菇。但需要注意的是，有一些牛肝菌是有毒的，如果没烹饪熟就吃，可能会引发幻觉，甚至危及生命。

牛肝菌

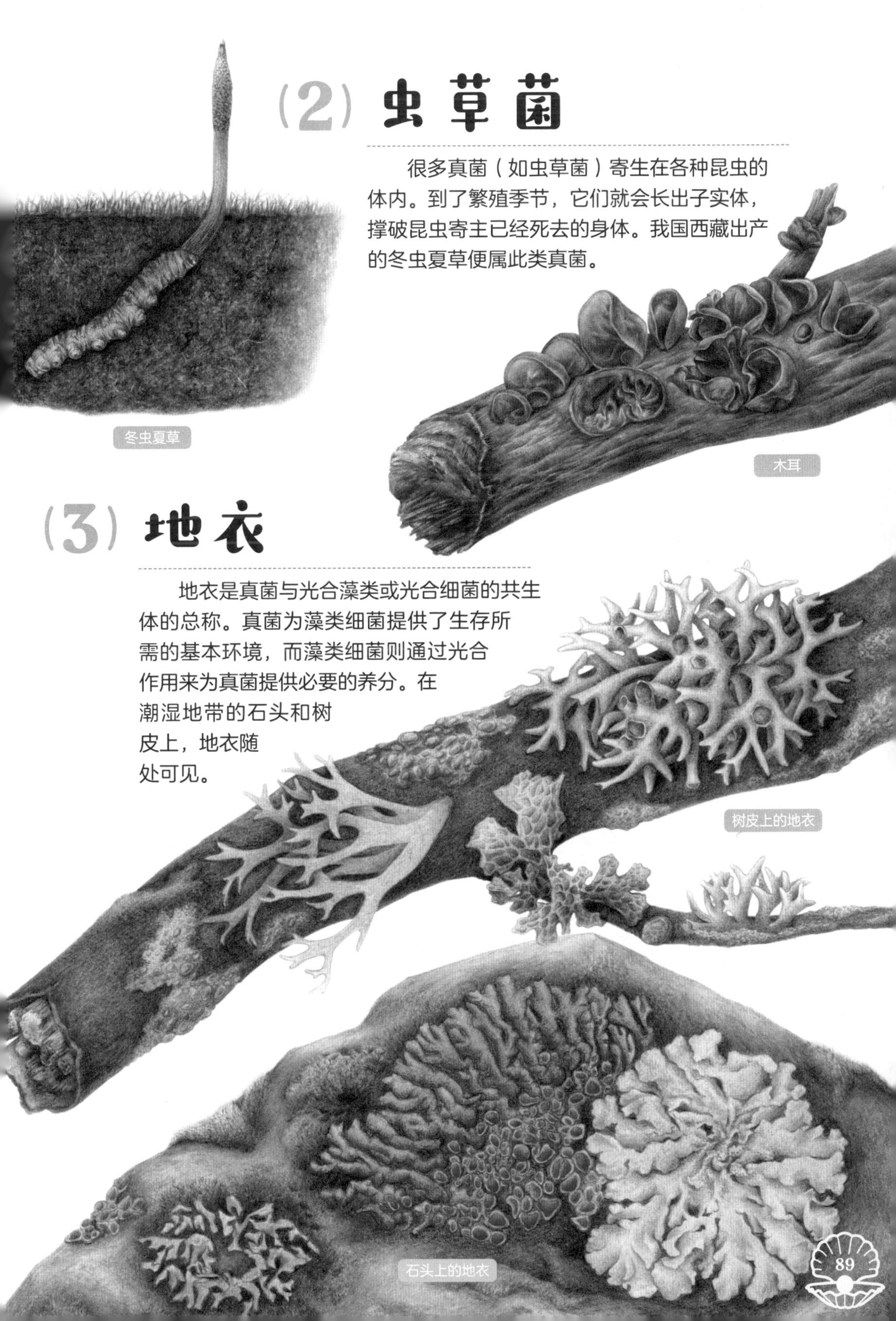

(2) 虫草菌

很多真菌（如虫草菌）寄生在各种昆虫的体内。到了繁殖季节，它们就会长出子实体，撑破昆虫寄主已经死去的身体。我国西藏出产的冬虫夏草便属此类真菌。

冬虫夏草

木耳

(3) 地衣

地衣是真菌与光合藻类或光合细菌的共生体的总称。真菌为藻类细菌提供了生存所需的基本环境，而藻类细菌则通过光合作用来为真菌提供必要的养分。在潮湿地带的石头和树皮上，地衣随处可见。

树皮上的地衣

石头上的地衣

13

古生物遗迹

经过数十亿年的积累，地球为我们提供了丰富的自然资源。而在沧海桑田的巨变中，地球也以它独特的方式记录了属于它的历史，供人类去探索、发现。

地质学家和古生物学家便是地球历史的发现者。他们将为我们讲述很多关于地球的历史故事。

(1) 化石

化石是远古时期动植物的遗体残骸，甚至遗迹，经过地质运动矿化形成的有机物残余。

按照保存方式来分，化石可分为实体化石、模铸化石和遗迹化石。

实体化石就是动植物的遗体化石。因动植物长期埋藏于地下，它们体内的物质被置换成无机物，进而形成化石。实体化石的数量最多，有动物的骨骼、牙齿、甲壳、贝壳，植物的茎、叶、花、果，等等。

模铸化石是动植物残骸烙印在柔软的沉积物表面，留下印痕、铸模痕迹的化石。

遗迹化石是指保留在岩层中的古生物生活活动的痕迹和遗物，包括足迹、巢穴、粪便等。

三叶虫化石

三叶虫是已经完全灭绝了的节肢动物，因身体纵向、横向均有三节而得名。它们最早出现在约 5 亿多年前的寒武纪，至约 2.4 亿年前的二叠纪完全灭绝，在地球上生存了约 3 亿年。它们大多生活在浅海地带，用外肢的鳃叶呼吸。大多数三叶虫会贴伏在海底，向前做缓慢而短暂的爬行。

作为一种已灭绝的海螺，菊石曾广泛分布于世界各地的海洋中，最早出现在约 4 亿年前的泥盆纪初期，至约 6 600 万年前的白垩纪末期绝迹。有些菊石外壳呈螺旋状，长得很像鹦鹉螺。不同种类的螺壳在形状、纹路上的差别很大。
菊石化石
角石是无脊椎动物，它们最早出现在约 4 亿年前的奥陶纪。幸运的是，角石躲过了白垩纪末期的大灭绝事件，鹦鹉螺科是现存的唯一角石类。
角石化石

(2)“远古时空胶囊”——琥珀

琥珀是远古树木的树脂深埋在地下矿化而成的。琥珀最有意思的并不是它本身，而是琥珀内包裹的各种各样奇妙的生物。这些生物是在琥珀还是黏稠的树脂时就被包裹在里面的。经历了漫长的时间，这些生物看起来依然十分完整、立体、生动，所以琥珀也被称为“远古时空胶囊”。

琥珀饰品

14 矿物

除了动物和植物，在野外随处可见的还有矿物。

矿物是自然界中的化学元素在一定的物理、化学条件下形成的天然结晶态的单质或化合物，具有相对稳定的化学成分和性质。一般来说，矿物都是晶体，但也有例外，如水铝英石等极少数天然产出的非晶质体，也被归入矿物范畴。

(1) 云母

云母是一种造岩矿物，我们在很多岩石中都能看到它们的身影。它们就像千层饼一样，可以剥分成一层一层的薄片。

（2）黄铁矿

黄铁矿拥有金黄色的外表和明亮的金属光泽，常被误以为是黄金，因此黄铁矿有个别名叫“愚人金”。黄铁矿多呈立方体状。在野外若是看到金黄色的四四方方的金属块，那大概率就是黄铁矿了。

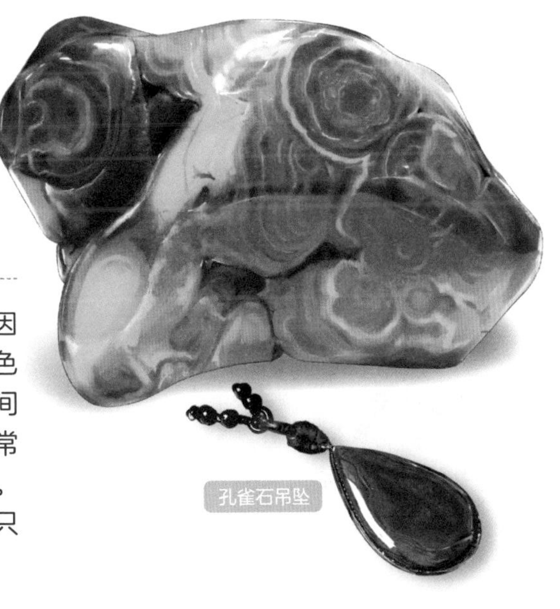

孔雀石吊坠

（3）孔雀石

孔雀石是一种天然的矿物，因其颜色很像孔雀羽毛上斑点的绿色而得名。孔雀石的花纹呈浓淡相间的同心环状或条状，辨识度非常高。孔雀石还是一种古老的玉料。在我国古代，孔雀石价格昂贵，只有达官贵人才能佩戴孔雀石首饰。

（4）蓝铜矿

蓝铜矿和孔雀石经常同时出现在岩层中。蓝铜矿很容易转化为孔雀石，所以蓝铜矿的分布没有孔雀石广泛。蓝铜矿可用来提炼铜，其粉末可用于制作天然的蓝色颜料。

（5）方解石

方解石是重要的造岩矿物，溶洞中常见的钟乳石、石笋等，都是由它们构成的。它们的晶体形状多种多样，有的是一簇一簇的，有的是粒状、块状、钟乳状。敲击方解石可以得到很多方形碎块，因此被称为“方解石”。

（6）石 英

石英是造岩矿物，在地球上分布十分广泛，我们常见的水晶就是石英的一种。随着科技的发展，石英已被广泛应用于工业领域，比如制作石英表。

石英手表

(7) 萤石

萤石的颜色多种多样，常被称为“彩虹宝石”。在特定条件下，萤石能像萤火虫一样，发出荧光。据推测，我国古代文献典籍中记载的夜明珠的制作原料很可能就是萤石。

碧玺

顶戴花翎

(8) 电气石

电气石是电气石族矿物的总称，它们的色彩非常丰富，在同一个晶体上甚至可以同时呈现出不同的颜色。宝石级的电气石还有另外一个名字——碧玺。唐贞观年间，唐太宗西征时就得到过碧玺并将其刻成印章。

(9) 绿柱石

绿柱石是一个大类，很多有名的宝石都属于这一大家族，如祖母绿、海蓝宝石、摩根石等。

认知篇

II 认识身边的环境

我们平时经常提到的“环境”大多指的是自然环境，既包括动物、植物、微生物等，也包括这些生物生存空间内的所有因素，比如，土壤、水系以及气候等。不同的自然环境，生物的多样性和种类有很大的差别。

认识我们身边的环境，是我们理解生物为什么分布在这里，揭开物种演化奥秘的一把钥匙。

生活在热带雨林和生活在沙漠的生物之间有什么不同？

为了适应不同的生态环境，生物又做出了哪些改变？

人类活动密集的城市生态系统下，有哪些生物和我们悄然共存呢？

这些问题的答案就在本章中！

1

热带雨林

炎热的天气和丰沛的雨水十分适合热带植物的生长，因此，在赤道附近的热带地区，出现了热带雨林。热带雨林是世界上生物多样性最丰富的地方之一。

高大笔直的树干、宽阔的板根和遮天蔽日的树冠，是热带雨林的典型特征。这里几乎每天都在下雨，因此湿度特别大，总是雾气缭绕。

大自然的倾情馈赠，赋予了热带雨林勃勃的生机，也让生活在其中的生物们面临着激烈的生存竞争。经过千百万年的演化，那里形成了独特的雨林生态。高达 40 多米的植物占据了雨林的上层空间，阴生植物、寄生植物和腐生植物则占领雨林的下层空间。不同的动物也占据了不同的生存空间。为了适应环境，它们有的昼伏夜出，有的还练就了非凡的伪装、爬树和滑翔等本领。

海拔范围

0 ~ 1 000 米。

气候特点

炎热、潮湿，全年温差小，雨量充沛、均匀。

代表物种

龙脑香、大花草、猪笼草、积水凤梨、榴梿；犀金龟、叶䗛、枯叶螳螂；犀鸟、飞蜥、树蛙、亚洲貘、猩猩、卷尾猴。

代表地点

亚洲的婆罗洲雨林、斯里兰卡辛哈拉贾雨林、中国云南西双版纳雨林、南美洲的亚马孙热带雨林，以及位于刚果盆地的刚果雨林。

2 温带森林

温带森林里温度适宜，雨量充沛，生活着各种各样的植物，如枫树、杨树、橡树、苹果树等。这些树木的叶子又大又薄，颜色会随着季节改变。春季，绿叶新生；到了秋季，叶片颜色慢慢变黄或变红，最终飘落。这些树被称为“落叶树”。

温带森林中还有一些浑身长满“针”的树，如松树、杉树、柏树等。这些树木能够挨过漫长而寒冷的冬季，一年四季都能保持绿色。

海拔范围

100 ~ 3 000米。

气候特点

一山分四季，十里不同天——即便在同一座山中，气候差异也极大。

代表地点
我国云南高黎贡山、北京喇叭沟等地。
代表物种
枫树、红豆杉、杜鹃花、山莓、桔梗；小熊猫、白眉猕猴、环颈雉、山地麻蜥、红瘰疣螈；大腹园蛛、斑股深山锹甲、绿尾天蚕蛾、中华刀螳。
luǒ

3 草原

去过草原的小伙伴们，一定会感叹草原的辽阔。

草原分为温带草原和热带草原。我国的草原大部分都是温带草原。

热带草原和我们印象中的草原不太一样，那里还生长着相当多的树木。热带草原更像是开阔的林地，所以也被称为“热带稀树草原”。

热带草原有明显的干湿两季，在这里生活的动物有季节性迁徙的现象。北半球夏季时，雨带向北推移，动物们为了水源便会随着雨带向北迁徙；到了冬季，雨带则往南移，动物们此时便会再度迁徙至南方。

不管是热带草原还是温带草原，它们的生态恢复能力都相对较弱。如果过度放牧、过度开垦的话，就会破坏植被根系，使土壤无法被植物的根系固定。一旦雨水冲淋，土壤肥力极易流失，最终造成土壤沙化。

代表地点

东非大草原和我国的内蒙古呼伦贝尔草原、四川若尔盖草原。

代表物种

大鸨、狮子、长颈鹿、角马、斑鬣狗、黄羊、野马；苜蓿、萱草、狼针草、莎草。

4 沙漠

沙漠极度缺雨，地表水分蒸发量巨大，植物很难扎根生长。

虽然沙漠的自然条件非常恶劣，但沙漠中也不全是不毛之地。沙漠地势起伏，海拔较低的地方常会形成小型水域和绿洲。在那些地方，生活着上百种耐干旱的植物。

夏季高温干旱的独特气候，使动植物具有了不同的适应性特征：植物拥有特化的叶片和发达的根系，昆虫则有封闭的气孔和独特的储水方式。生活在非洲沙漠地区的光棍树为了减少水分蒸发，一片叶子都不长，只有光溜溜的圆柱状肉质枝条。一些生活在沙漠地区的甲虫进化出了可快速爬行的“大长腿”，以避免被灼热的地面烫伤。纳米布沙漠拟步甲甚至能利用它们凹凸不平的体表结构，从干燥的空气中获取水分。

代表地点

我国的塔克拉玛干沙漠、古尔班通古特沙漠，还有非洲的撒哈拉沙漠和纳米布沙漠。

代表物种

赤狐、跳鼠、麻蜥；胡杨、沙枣、梭梭。

5 高山草甸

高山草甸又被称为“高寒草甸”。高山草甸是在寒冷的环境条件下，在高原和高山上发育的一种草地类型。高原和高山上气候寒冷，氧气稀薄，没有树木，只有大片的野草和零星出现的小灌木，因此不适合大多数动物生存。

在山区，随着海拔高度的上升，气温会逐渐降低。一般来说，海拔每上升 100 米，气温约降低 0.6℃。一些山坡或者山顶上的降水量很大，地面潮湿，冬天经常有积雪，不适合树木生长，但是，仍然有一些草本植物适应了这种气候。

等天气变暖，冰雪消融，高山草甸上的花儿便会从下到上依次盛开，景色轮转，美不胜收。

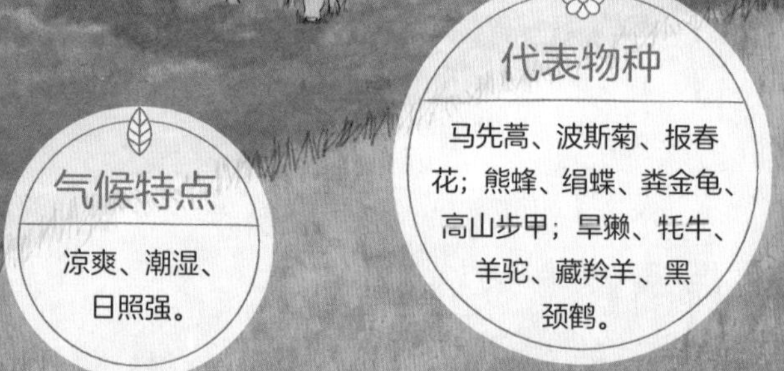

绢蝶

长尾山椒鸟

海拔范围
1 500 ~ 4 000米。
代表地点
我国的西藏林芝色季拉山、北京百花山、新疆那拉提山和南美洲的安第斯山脉。
夏枯草

6 潮间带

潮间带就是从海水涨至最高时所淹没的地方开始到海水退到最低时露出的水面之间的范围。生活在此处的生物必须能忍受高盐、水淹、暴晒、高温等交替出现的环境条件。这种特殊海陆交界的生态环境造就了“海上森林”：涨潮时树木被完全淹没或只有一部分树冠露出水面，退潮后树木及淤泥会完全露出。我们在这里可以找到蟹类、贝类等。人类现在已经能够利用潮间带的生态环境，在此处进行水产养殖。

代表地点

我国的山东烟台、福建漳浦。

气候特点

时而干燥，时而潮湿。温度时高时低。

代表物种

招潮蟹、海葵、牡蛎、贻贝、帽贝、鲍、鳚鱼、弹涂鱼、螺类。

弹涂鱼
鰤鱼

拟蝎

7

洞穴

洞穴是陆地上比较神秘的地方——黝黑的环境，狭窄的通道，常使人产生无尽的恐惧感。我国境内的洞穴大多分布在喀斯特地貌地区，主要包括广西、贵州、安徽、湖北、四川、北京等地。

微光甚至完全无光的环境让洞穴孕育出了奇特的洞穴生物。洞穴生物因为长期处在黑暗中，视力都退化了，有些洞穴生物的眼睛甚至彻底消失了。

气候特点

冬暖夏凉。

代表地点

我国的广西、贵州南部和北部、安徽、湖北、四川、北京的房山地区。

代表物种

盲蜗牛；盲步甲、灶马；马陆、拟蝎、蜘蛛、溪蟹；盲鱼；蝙蝠；蝾螈、螯虾。

蝙蝠

盲鱼

8 淡水河湖

淡水河湖是与人类关系最为密切的生态环境，大量的动植物依靠淡水生存。江河、溪流、湖泊、水库、池塘等都是淡水环境。此外，还包括湿地，它们是地表的植被永久地或季节性地被水渗透，形成的独特地貌，如沼泽、滩涂等。在淡水环境中，水生植物分层分布在水体的不同位置。有生活在水中的沉水植物，也有浮在水面上的浮水植物，还有根长在水底、叶片伸展在水面上的挺水植物。这些植物为生活在其中的动物们提供了藏身、繁衍和觅食的场所。

9 城市

与地球上其他的生态系统不同，城市生态系统是由自然环境、社会经济和文化、科学、技术等共同组成的一个庞大的生态系统。

看似没有灵魂的用钢筋混凝土建造的城市，实际上包容了众多的生物。要想找到它们的踪迹，你需要有一双善于发现的眼睛。

代表地点

我国的北京、上海、广州、深圳等城市。

代表物种
狗尾草、银杏、油松、元宝槭、国槐；碧伟蜓、黑蚱蝉、中华大刀螳、华晓扁犀金龟；家燕、灰喜鹊、刺猬、黄鼬等。
燕子

真核生物域

植物界

动物界

真菌界

软体动物门

（常见种类）

双壳纲：蛤蜊、牡蛎、扇贝

腹足纲：蜗牛、蛞蝓、鲍

头足纲：鱿鱼、章鱼

环节动物门

（常见种类）

寡毛纲：蚯蚓

棘皮动物门

（常见种类）

海参纲：海参、海棒槌

蛇尾纲：刺蛇尾

海星纲：海星

海胆纲：海胆、马粪海胆

海百合纲：海百合

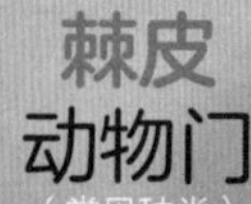

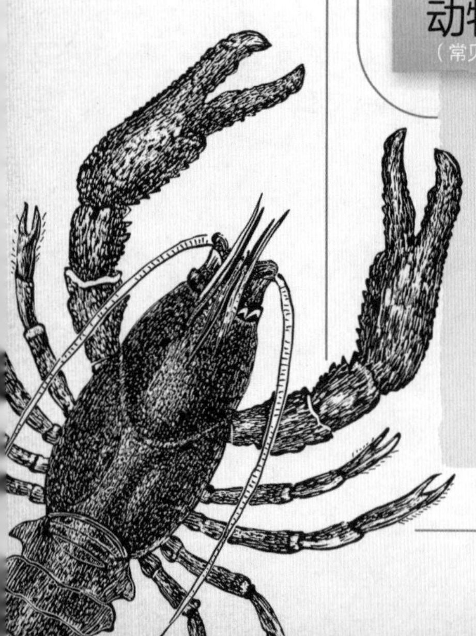

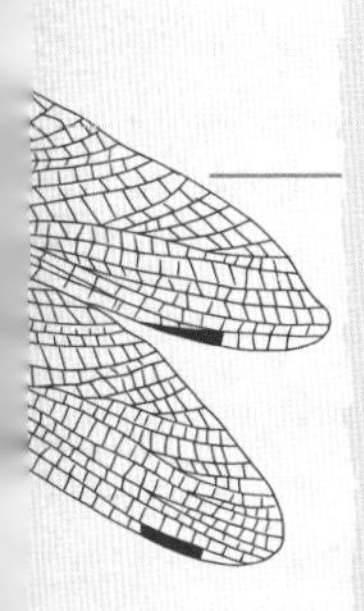

节肢动物门

（常见种类）

昆虫纲：甲虫、苍蝇

蛛形纲：蜘蛛、蝎子

肢口纲：鲎

倍足纲：马陆

软甲纲：虾、螃蟹

刺胞动物门

（常见种类）

珊瑚纲：海葵、珊瑚

钵水母纲：海蜇

水螅纲：水螅

立方水母纲：澳大利亚箱形水母

脊索动物门

（常见种类）

两栖纲：青蛙、蝾螈

鸟纲：鹰、麻雀、喜鹊

哺乳纲：狗、大象、人

爬行纲：鳄鱼、蜥蜴、蛇

软骨鱼纲：鲨鱼

硬骨鱼纲：金枪鱼、鲑鱼、鲤鱼

真核生物域
动物界
植物界
真菌界
苔藓植物类
（常见种类）
地钱纲：地钱、毛地钱
角苔纲：角苔
藓纲：葫芦藓、泥炭藓、黑藓
裸子植物类
（常见种类）
苏铁纲：苏铁
银杏纲：银杏
松柏纲：油松、雪松、银杉、水杉
红豆杉纲：红豆杉
买麻藤纲：买麻藤

藻类

（常见种类）

绿藻纲：水绵

石莼纲：石莼

红毛菜纲：紫菜

被子植物类

（常见种类）

单子叶植物纲：
百合、小麦、玉米、竹、棕榈

双子叶植物纲：
木兰、无油樟、夹竹桃、向日葵、睡莲、菊

无油樟目：无油樟

睡莲目：睡莲

木兰藤目：木兰藤

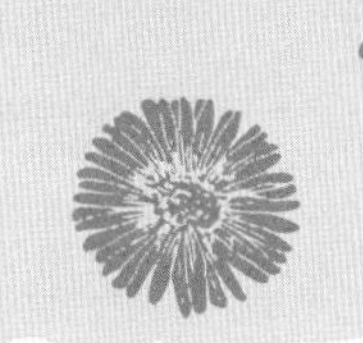

蕨类

（常见种类）

石松纲：
石松、卷柏、水韭

真蕨纲：
紫萁、桫椤、肾蕨、金毛狗
木贼、问荆
松叶蕨

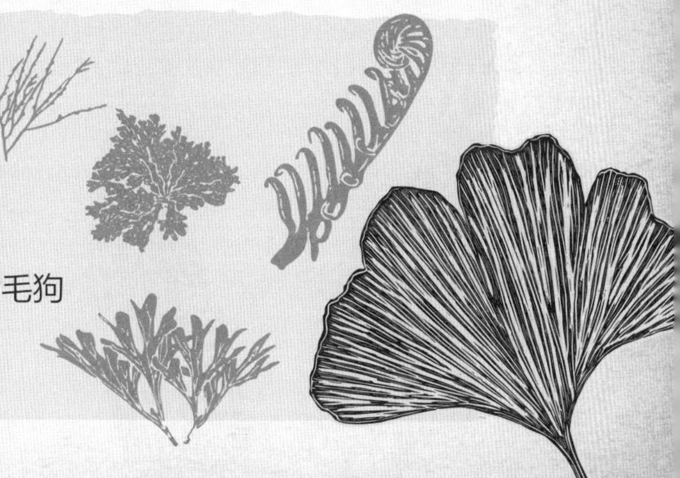

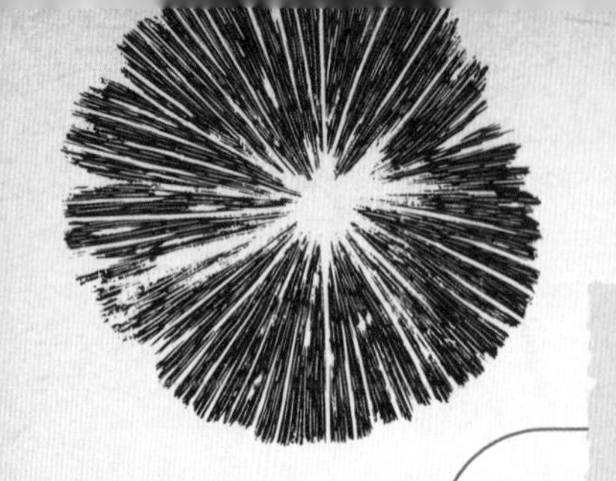

真核生物域

动物界

真菌界

植物界

接合菌门
（常见种类）

接合菌纲：根霉、毛霉

梳霉纲：钩孢毛菌

毛菌纲：内孢毛菌

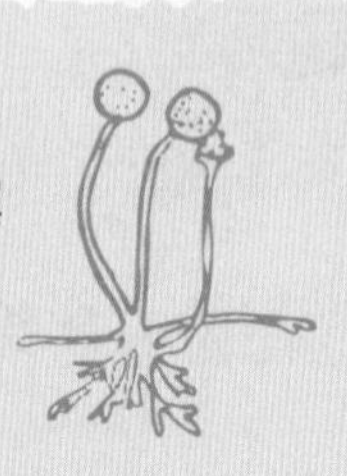

壶菌门
（常见种类）

壶菌纲：壶菌

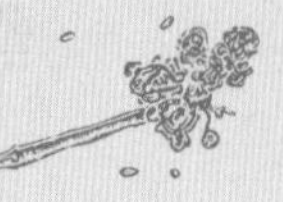

担子菌门
（常见种类）

伞菌纲：竹荪、马勃、蘑菇

冬孢菌纲：冬孢菌

柄锈菌纲：柄锈菌

黑粉菌纲：黑粉菌

银耳纲：隐球酵母

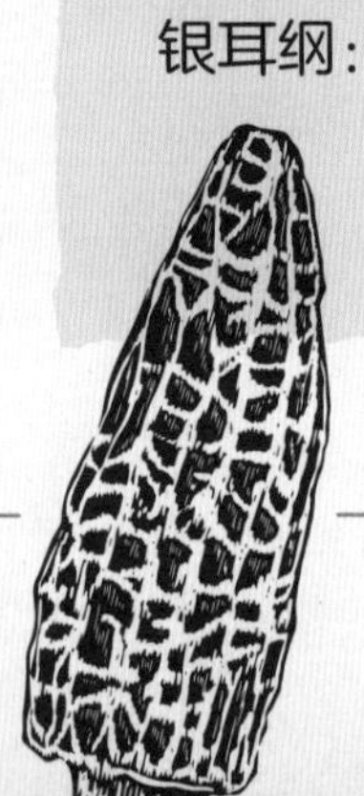

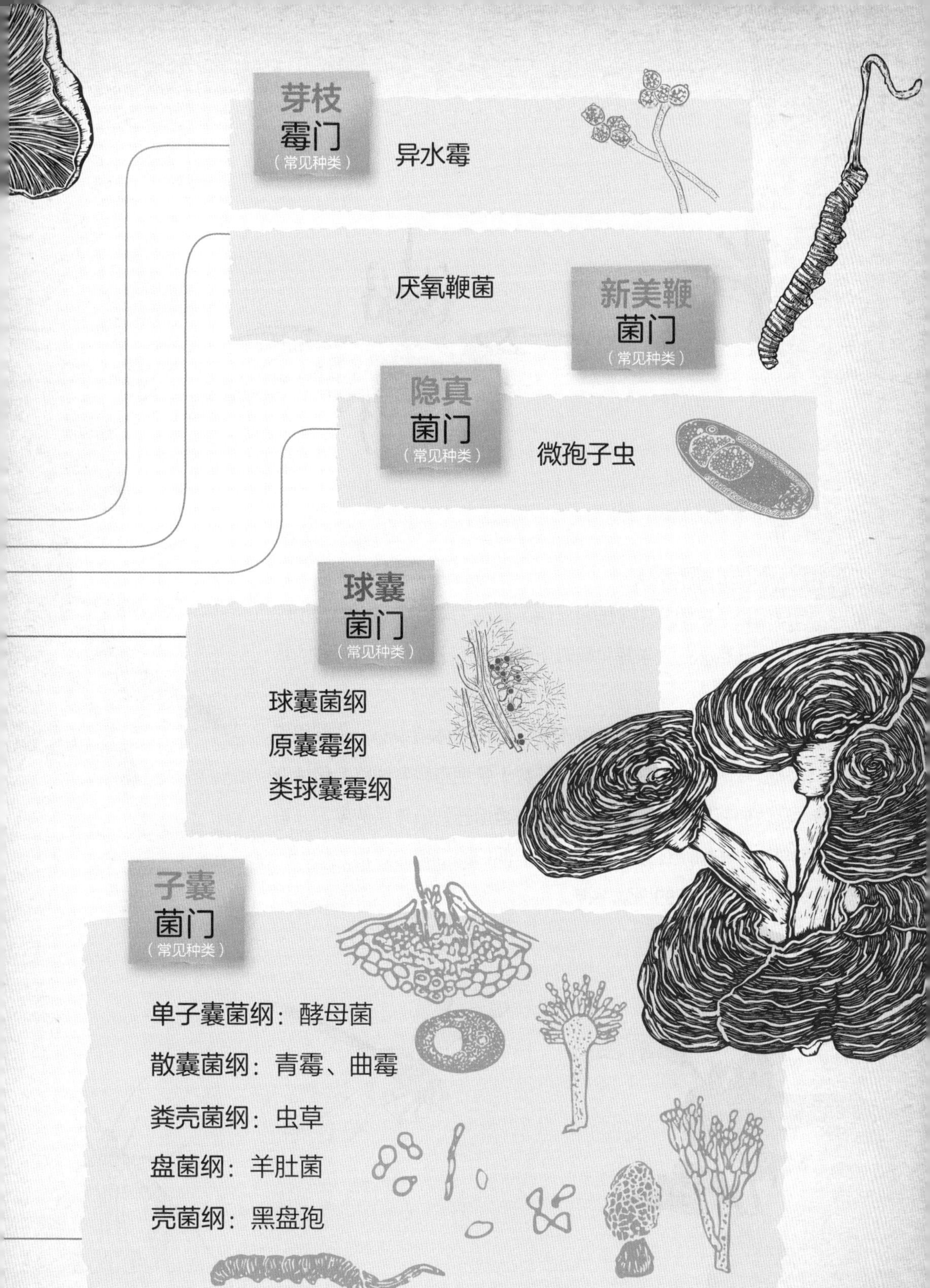

芽枝
霉门
（常见种类）
异水霉
厌氧鞭菌
新美鞭
菌门
（常见种类）
隐真
菌门
（常见种类）
微孢子虫
球囊
菌门
（常见种类）
球囊菌纲
原囊霉纲
类球囊霉纲
子囊
菌门
（常见种类）
单子囊菌纲：酵母菌
散囊菌纲：青霉、曲霉
粪壳菌纲：虫草
盘菌纲：羊肚菌
壳菌纲：黑盘孢

作者介绍

石探记科学家团队

石探记科学家团队由中国科学院、北京大学、南开大学、中国农业大学、北京林业大学等科研院所和高校的十几位不同领域的科学家组成。

团队不仅在北京、成都等城市设立了科学体验中心，长期组织线下科学教育活动，还开发了国内外数十条生态科考线路，包括亚马孙、马达加斯加、云南普洱等。从兴趣培养到成体系的学习，旨在把科学的种子播撒在孩子心中，保护他们的好奇心，培养他们的学习兴趣，激发他们的探索精神。

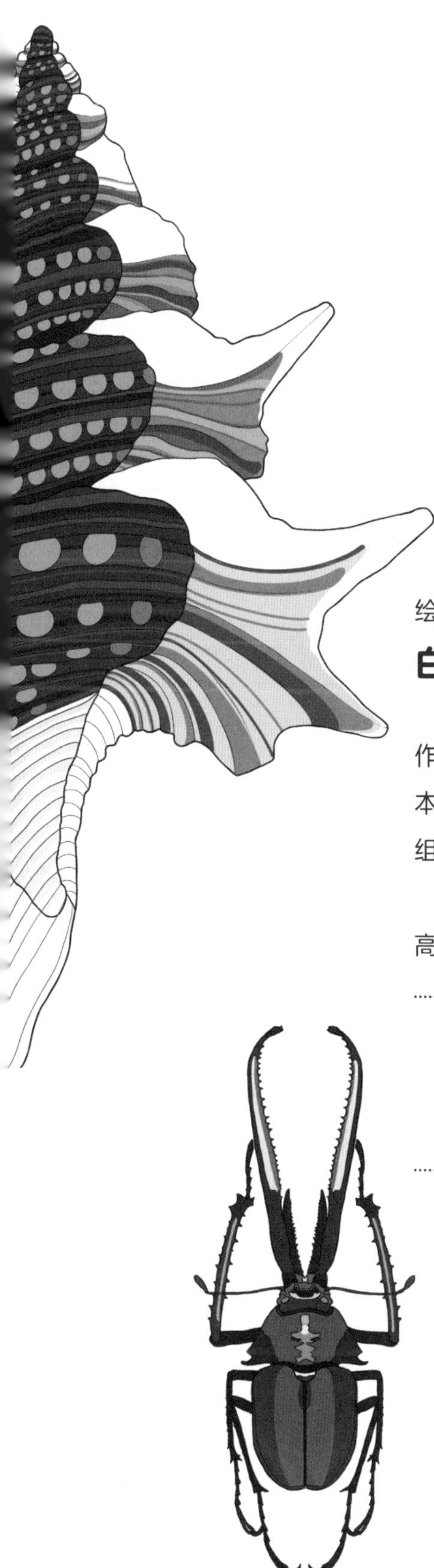

绘者介绍

白木方舟童书

白木方舟童书是以大连民族大学设计学院视觉传达工作室为母体的童书创作专业团队。团队以工作室多年的绘本教学研究及实践为基础，由在校生、毕业生及专业教师组成。

团队多年来不断培养和吸收年轻的创作力量，以创作高水准的原创童书为目标，积极探索儿童书籍的新领域。

我们用“心”做每一本童书。
愿我们的创作能带孩子们去
“发现美好，创造梦想”。

KEXUEJIA DAINI WAN ZHUAN DAZIRAN RENZHI PIAN: NIHAO,WANQIAN SHENGLING

科学家带你玩转大自然　认知篇：你好，万千生灵

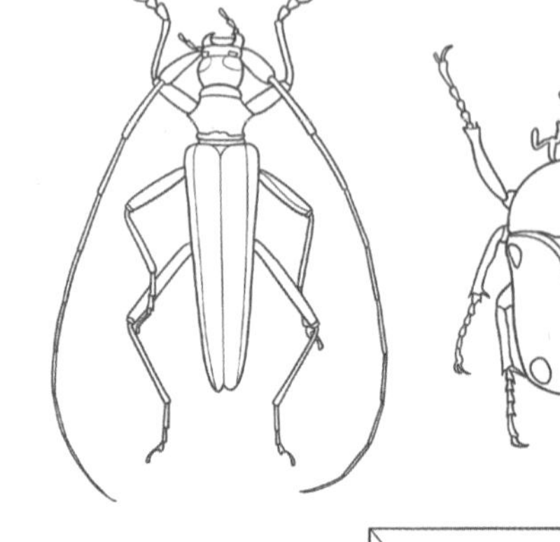

出版统筹　汤文辉　　责任编辑　戚 浩
品牌总监　张少敏　　美术编辑　刘淑媛
质量总监　李茂军　　营销编辑　李倩雯 赵 迪
选题策划　戚 浩　　责任技编　郭 鹏

制 作 人　白木方舟童书　周思昊
艺术总监　周思昊
执行总监　金青松　王玲
插　　画　王玲　林子翔　薛佳琳　胡慧玲　聂淑歌
　　　　　王盈君　郑涵　封孝伦　王子睿　杜文迪　任洁琪
装帧设计　金青松

图书在版编目（CIP）数据

科学家带你玩转大自然．认知篇：你好，万千生灵 / 石探记科学家团队著；白木方舟童书绘．-- 桂林：广西师范大学出版社，2023.6

ISBN 978-7-5598-4487-3

Ⅰ．①科… Ⅱ．①石… ②白… Ⅲ．①自然科学－青少年读物 Ⅳ．① N49

中国版本图书馆 CIP 数据核字（2021）第 247876 号

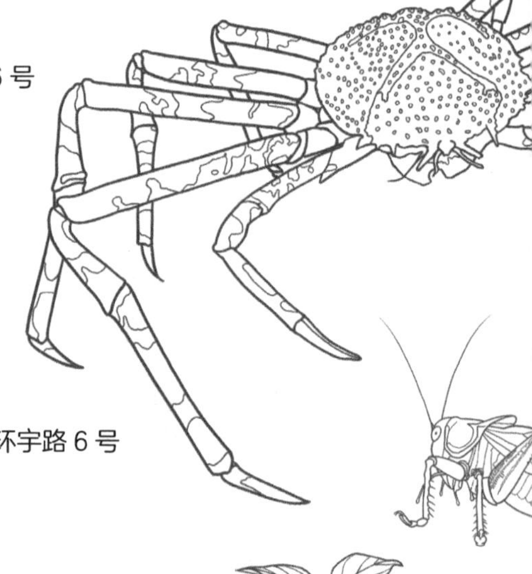

广西师范大学出版社出版发行
社　　址　广西桂林市五里店路 9 号
邮政编码　541004
网　　址　http://www.bbtpress.com
出 版 人　黄轩庄
经　　销　全国新华书店
印　　刷　北京博海升彩色印刷有限公司印刷
（北京市通州区中关村科技园通州园金桥科技产业基地环宇路 6 号
邮政编码：100076）
开　　本　710 mm×1 000 mm　1/16
印　　张　8.25
字　　数　90 千字
版　　次　2023 年 6 月第 1 版
印　　次　2023 年 6 月第 1 次印刷
定　　价　88.00 元（全 2 册）

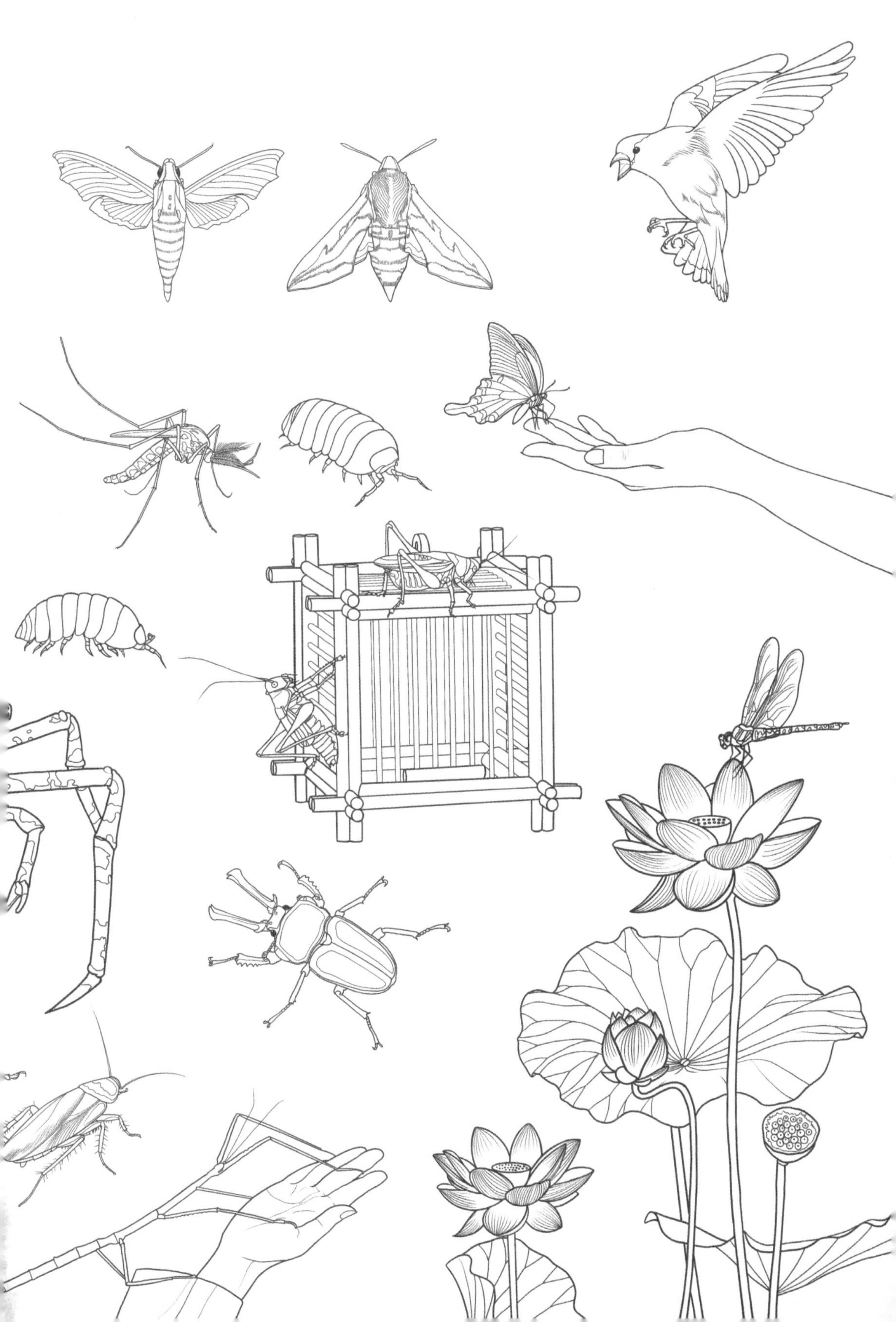